瞄過一眼就忘不了的化學

【視覺化×生活化×融會貫通】，升學先修・考前搶分必備

CHEMISTRY TEXTBOOK

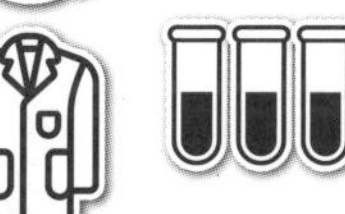

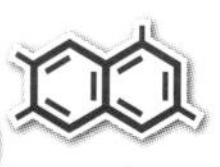

左卷健男 著

陳朕疆 譯

把化學當成「主角是原子的故事書」！

我在國中與高中教自然科學教了40年以上，但其實我高中時並不擅長自然科學。

以化學這科為例，化學的特色在於需要計算，也需要記憶，這兩種能力都必須兼備才行。

與其他自然科學科目相比，物理的核心在計算，生物的核心在記憶各種專有名詞，化學的內容則介於兩者之間。只會計算還不夠，只會死背專有名詞的話也不夠。

這麼看來，與物理及生物相比，化學乍看之下並不困難，但其實是個相當麻煩的科目。

不過，我之所以不擅長化學，主要原因並不是這個。

包括以前的我在內，不擅長化學的人都缺乏一項能力，那就是**視覺化**。

基本上，不只是化學，視覺化在其他科目中也相當重要。**對於化學這一科來說更是如此。若能將知識內容視覺化並保持真實性，便能掌握學習的關鍵。**

這是因為，化學討論的內容幾乎都是眼睛看不到的事物。

日常生活中，肉眼看得到的世界為巨觀（macroscopic）世界。

另一方面，化學中登場的原子、分子、離子等構成物質的粒子，屬於肉眼看不到微觀（microscopic）世界。因此，我們常把化學當成與日常生活無關，離我們相當遙遠的知識。

當學生覺得化學的世界與自己無關時，就會覺得化學內容只是一堆索然無味的數字與符號，光是學習就覺得痛苦。

於是，本書便將高中化學整理成了視覺化的內容，並**以原子為主角，重新建構出各個單元，說明各個化學主題。**

書中還會提到化學家們研究原子的歷史，所以本書不只是化學入門書，也像是一本化學領域的課外讀物。

事實上，化學這門學問，正是化學家們研究原子的歷史。

化學家與原子之間的故事，源自古希臘哲學家們的問題「物質是由什麼東西組成的？」本書正文中會再詳述這點。從古代到17世紀這2000年間，鍊金術曾繁榮一時。化學家們探究原子的過程逐漸科學化，也讓我們對微觀世界的了解一口氣加速許多。

不管你是學生時代不擅長化學的人、覺得化學很無聊的人，還是對化學連碰都不想碰的文組學生，希望您在閱讀完本書後，對化學這門科目能有180度的改觀。

左卷健男

瞄過一眼就忘不了的 化學 CONTENTS

序章 原子是什麼？

第1章 原子的排列組合

第2章 週期表的形成歷史

第3章 化學的「導航地圖」——週期表

第4章 無機物質的世界

第5章 密度與莫耳等 物理量與計算

第6章 酸鹼與氧化還原

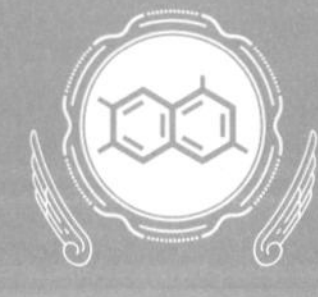

第7章 有機物的世界

為什麼那麼多人不擅長化學？

高中時很多人選修化學。但是……

在日本的高中，自然科學科目並非必修。

雖說如此，還是會有許多高中生從物理、化學、生物等科目中，選修生物與化學。最多人選修的科目是生物，選修化學的人只比生物少一些。

化學是第二名的原因有兩個。首先，不管是理組科系還是文組科系，化學都經常是考試科目之一。

另一個原因是，與物理相比，化學比較沒有抽象的內容與複雜的計算；與生物相比，要死背的內容沒有那麼多。所以對一般學生而言，在這三個科目中，化學是學習起來相對較容易的科目。

不過實際開始學習化學後，就會發現和想像中的樣子不同。

化學的抽象內容比物理更多，計算也更多，要記憶的內容也比生物還要多。

「怎麼和原本想的不一樣……」在一陣慌亂後，許多人會決定「好！乾脆把所有內容都背下來吧！」。

當然，如果沒有正確理解那些專有名詞與概念的意義，只是把化學式死背下來的話，並不會加深對化學的理解。

這樣下去，不擅長化學的人只會越來越多。

圖 H-1 為什麼不擅長化學的人那麼多

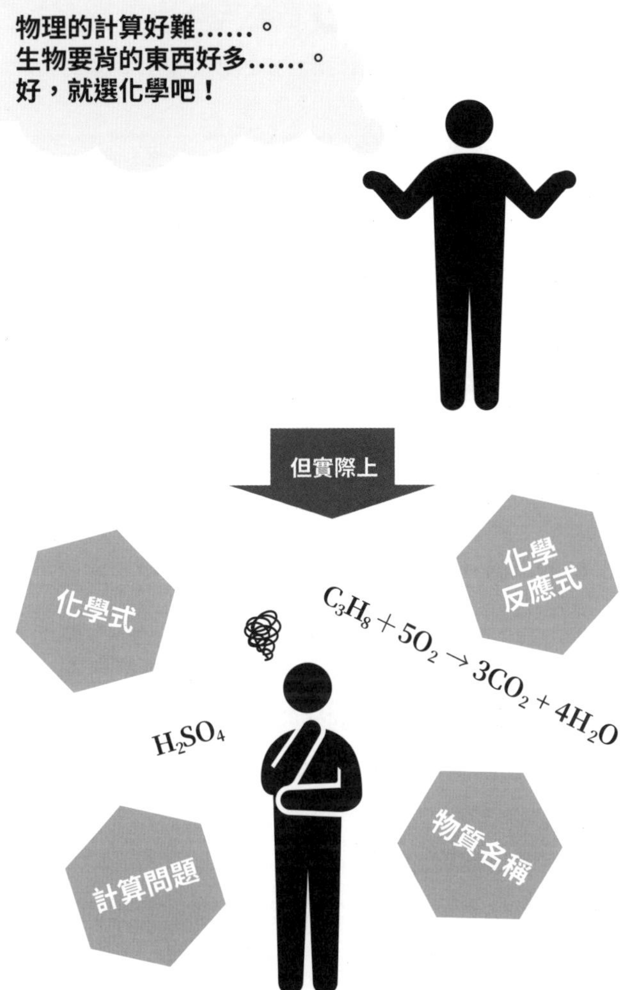

化學式、化學反應式、物質名稱都用「死背」應付，
在感受到化學的樂趣之前，就先有了挫折感……

化學學的是「原子」的故事！

學習化學時，需在腦中想像原子分子的圖像

那麼，究竟該怎麼學化學呢？

一言以蔽之，化學就是**研究物質「變化」的學問**。化學的世界中，「物質的變化」叫做化學變化。我們周遭就有許多化學變化的例子。譬如烤肉。木炭點火後會燒成紅色，燒完後只留下灰燼。由化學變化的觀點來看這種物質變化的話，可以得到右頁的圖H-2。

首先，木炭由許多碳原子構成。**空氣中的氧氣是由兩個氧原子結合而成的氧分子**。木炭點火後會開始產生化學變化，**碳原子與氧分子相撞時，碳原子會插入氧分子的兩個氧原子之間，形成二氧化碳分子**。單一個二氧化碳分子中，各原子的連結方式為「氧原子—碳原子—氧原子」。總之，**化學是從微觀角度討論我們周遭的物質變化，理解原子與分子之化學變化的學問**。

雖說化學討論的是物質的變化，但**目前地球上有名字的物質超過2億種**。如果研究化學時，要一個個看過這兩億種物質的化學變化的話，時間再怎麼樣都不夠用。

但請放心。雖然物質的種類繁多，但構成這些物質的元素（原子的種類）僅有90種，另外還有人工元素約30種。換言之，**只要把焦點放在這90種原子上，就能進一步理解物質如何「變化」。**

圖 H-2 從微觀世界的角度看巨觀世界

從化學變化的角度看烤肉的火……

①碳原子（木炭）與空氣中的氧分子相撞

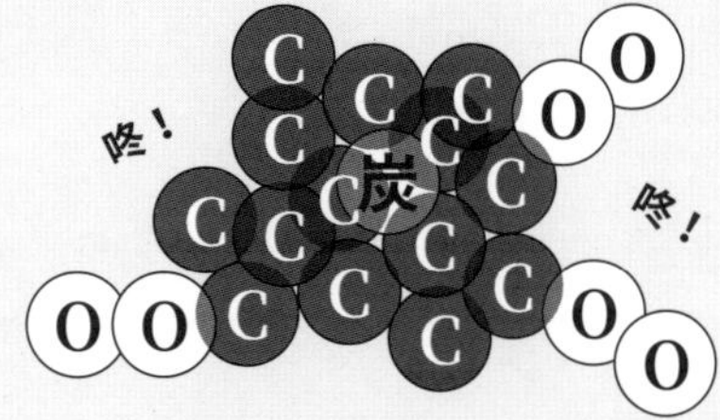

②碳原子插入兩個氧原子（＝氧分子）之間，得到二氧化碳分子。

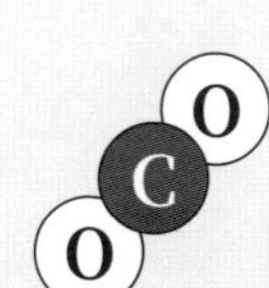

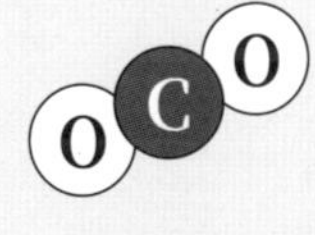

C ＋ OO → OCO

碳原子（C）　氧分子（O_2）　二氧化碳分子（CO_2）

「化學導航地圖」——週期表

週期表整理了各種類的原子（元素）

就像學習世界史時需要世界地圖，學習日本史時需要日本地圖一樣，在以90種原子為主題的化學學習旅程中，也需要一個**如地圖般重要的指南**。

那就是元素週期表。

首先，週期表的每個橫列為一個週期，每個縱行為一個族。

週期表中的元素依照原子序（原子核內的質子數）的大小排列。

圖 H-3 元素週期表

週期＼族	1	2	3	4	5	6	7	8	9
1	1 H 氫 1.008								
2	3 Li 鋰 6.941	4 Be 鈹 9.012							
3	11 Na 鈉 22.99	12 Mg 鎂 24.31							
4	19 K 鉀 39.10	20 Ca 鈣 40.08	21 Sc 鈧 44.96	22 Ti 鈦 47.87	23 V 釩 50.94	24 Cr 鉻 52.00	25 Mn 錳 54.94	26 Fe 鐵 55.85	27 Co 鈷 58.93
5	37 Rb 銣 85.47	38 Sr 鍶 87.62	39 Y 釔 88.91	40 Zr 鋯 91.22	41 Nb 鈮 92.91	42 Mo 鉬 95.94	43 Tc 鎝 (99)	44 Ru 釕 101.1	45 Rh 銠 102.9
6	55 Cs 銫 132.9	56 Ba 鋇 137.3	57～71 鑭系元素	72 Hf 鉿 178.5	73 Ta 鉭 180.9	74 W 鎢 183.8	75 Re 錸 186.2	76 Os 鋨 190.2	77 Ir 銥 192.2
7	87 Fr 鍅 (223)	88 Ra 鐳 (226)	89～103 錒系元素	104 Rf 鑪 (267)	105 Db 𨧀 (268)	106 Sg 𨭎 (271)	107 Bh 𨨏 (272)	108 Hs 𨭆 (277)	109 Mt 䥑 (276)

1 …… 原子序
H …… 元素符號
氫 …… 元素名稱
1.008 …… 原子量

原子序93以上的元素，以及43的鎝、61的鉕不存在於自然界，為人工合成元素。

週期表中有118種元素，若排除人工合成元素則剩下90種。

不需死背週期表

說到週期表，應該有不少人在念書時，會從原子序1的氫（H）背到原子序20的鈣（Ca）吧。

不過，就算沒有把週期表上的元素硬背下來，**只要知道這90種原子的性質，就能自然而然地想像出這些元素在週期表上的大致位置**。

這是因為，**週期表上的元素「配置」，都有其意義**。

10	11	12	13	14	15	16	17	18
								2 He 氦 4.003
			5 B 硼 10.81	6 C 碳 12.01	7 N 氮 14.01	8 O 氧 16.00	9 F 氟 19.00	10 Ne 氖 20.18
			13 Al 鋁 26.98	14 Si 矽 28.09	15 P 磷 30.97	16 S 硫 32.07	17 Cl 氯 35.45	18 Ar 氬 39.95
28 Ni 鎳 58.69	29 Cu 銅 63.55	30 Zn 鋅 65.38	31 Ga 鎵 69.72	32 Ge 鍺 72.53	33 As 砷 74.92	34 Se 硒 78.97	35 Br 溴 79.90	36 Kr 氪 83.80
46 Pd 鈀 106.4	47 Ag 銀 107.9	48 Cd 鎘 112.4	49 In 銦 114.8	50 Sn 錫 118.7	51 Sb 銻 121.8	52 Te 碲 127.6	53 I 碘 126.9	54 Xe 氙 131.3
78 Pt 鉑 195.1	79 Au 金 197.0	80 Hg 汞 200.6	81 Tl 鉈 204.4	82 Pb 鉛 207.2	83 Bi 鉍 209.0	84 Po 釙 (210)	85 At 砈 (210)	86 Rn 氡 (222)
110 Ds 鐽 (281)	111 Rg 錀 (280)	112 Cn 鎶 (285)	113 Nh 鉨 (278)	114 Fl 鈇 (289)	115 Mc 鏌 (289)	116 Lv 鉝 (293)	117 Ts 鿬 (293)	118 Og 鿫 (294)

元素在週期表的「配置」有其意義！

物質大致上可分成金屬與非金屬

其實90種元素中，有八成以上是金屬元素。僅由金屬元素構成的物質叫做「金屬」。金屬有以下共同特徵。

1. 有金屬光澤，可導電、導熱。
2. 敲打後會變薄，可擴展成板狀（展性）。
3. 可拉長延伸（延性）。

非金屬物質則沒有上述特徵。

典型元素與過渡元素

週期表的橫列中，第1週期僅有氫H與氦He共2個元素，第2、3週期各有8個元素。

週期表的縱行中，第1、2、13、14、15、16、17、18族元素為典型元素。**典型元素中，同一族原子的最外層電子數相同，化學性質相似**。前三週期的元素皆為典型元素，每種元素的原子內電子組態遵循著一定規則。為方便說明原子間如何連接，請先大致記住原子序1～18（第1到第3週期）的元素在週期表上位於哪一列哪一行。典型元素以外的元素，叫做過渡元素。**過渡元素中，同一週期（橫列）的元素性質相似**。

圖 H-4 由週期表的配置掌握元素的性質

金屬元素與非金屬元素

非金屬元素

金屬元素

週期＼族	1	2	3	4	5	6	7	8	9	10	11	12	13	14	15	16	17	18
1	H																	He
2	Li	Be											B	C	N	O	F	Ne
3	Na	Mg											Al	Si	P	S	Cl	Ar
4	K	Ca	Sc	Ti	V	Cr	Mn	Fe	Co	Ni	Cu	Zn	Ga	Ge	As	Se	Br	Kr
5	Rb	Sr	Y	Zr	Nb	Mb	Tc	Ru	Rh	Pd	Ag	Cd	In	Sn	Sb	Te	I	Xe
6	Cs	Ba	鑭系元素	Hf	Ta	W	Re	Os	Ir	Pt	Au	Hg	Tl	Pb	Bi	Po	At	Rn
7	Fr	Re	錒系元素	Rf	Db	Sg	Bh	Hs	Mt	Ds	Rg	Cn	Nh	Fl	Mc	Lv	Ts	Og（未定）

元素中，有八成以上是金屬元素！

過渡元素與典型元素

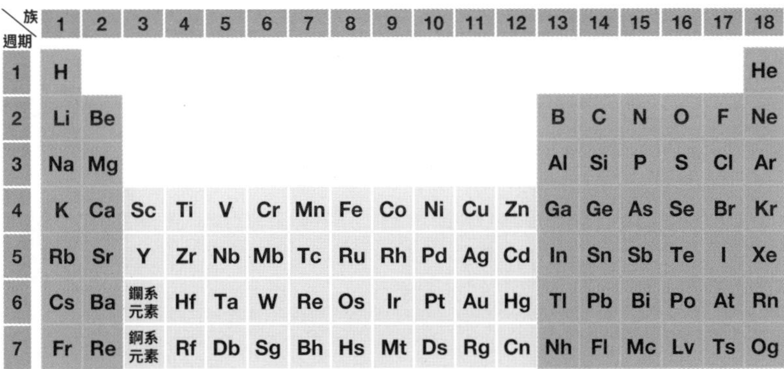

週期＼族	1	2	3	4	5	6	7	8	9	10	11	12	13	14	15	16	17	18
1	H																	He
2	Li	Be											B	C	N	O	F	Ne
3	Na	Mg											Al	Si	P	S	Cl	Ar
4	K	Ca	Sc	Ti	V	Cr	Mn	Fe	Co	Ni	Cu	Zn	Ga	Ge	As	Se	Br	Kr
5	Rb	Sr	Y	Zr	Nb	Mb	Tc	Ru	Rh	Pd	Ag	Cd	In	Sn	Sb	Te	I	Xe
6	Cs	Ba	鑭系元素	Hf	Ta	W	Re	Os	Ir	Pt	Au	Hg	Tl	Pb	Bi	Po	At	Rn
7	Fr	Re	錒系元素	Rf	Db	Sg	Bh	Hs	Mt	Ds	Rg	Cn	Nh	Fl	Mc	Lv	Ts	Og

過渡元素

3～12族的元素。同一週期（橫列）的元素性質類似（12族元素有時被列為過渡元素，有時則否）。

典型元素

同一族（縱行）的原子最外層電子數相同，化學性質相似。

典型元素的各族元素都有自己的特徵

前面提到，典型元素的同一族元素擁有相似的化學性質。典型元素中，第1、2、17、18族元素的特徵如右圖所示。

除去氫（H）的第1族元素，叫做**鹼金屬**。陽性，單質為活性高的輕金屬。

再來，包括鈹（Be）、鎂（Mg）在內的第2族元素，叫做**鹼土金屬**（有時候鹼土金屬不包含鈹、鎂）。陽性，單質亦為活性高的金屬，活性僅次於鹼金屬。

第17族元素叫做**鹵素**。陰性元素，單質是由2個原子結合而成的分子（雙原子分子）。

第18族元素叫做**惰性氣體**。讀者可能也有聽過「稀有氣體」這個名字，為惰性氣體的別名。

第18族元素中的氬在空氣中的比例略小於1%。乾燥空氣中的元素比例為氮78%、氧21%、氬0.93%，可見氬並不算稀有。

日語中也稱惰性氣體為「貴重氣體」。會這麼稱呼，是因為英語中將難以和其他元素反應的金屬稱做「貴金屬」，於是日本化學會便提議將惰性氣體也稱做「貴重氣體」。現在日本的化學教科書，一般都稱其為「貴重氣體」。

惰性氣體在化學上十分穩定，難以形成化合物。其他原子的電子組態會傾向往惰性氣體靠攏。

把週期表當成「化學學習之旅」的地圖

前面我們提到了金屬與非金屬、典型元素與過渡元素、各族元素的特徵、週期表上的原子等話題，若能照著週期表的脈絡學習化學，就能更深入理解化學這門領域。

圖 H-5 典型元素的各族特徵

週期＼族	1	2	3	4	5	6	7	8	9	10	11	12	13	14	15	16	17	18
1	H																	He
2	Li	Be											B	C	N	O	F	Ne
3	Na	Mg											Al	Si	P	S	Cl	Ar
4	K	Ca	Sc	Ti	V	Cr	Mn	Fe	Co	Ni	Cu	Zn	Ga	Ge	As	Se	Br	Kr
5	Rb	Sr	Y	Zr	Nb	Mb	Tc	Ru	Rh	Pd	Ag	Cd	In	Sn	Sb	Te	I	Xe
6	Cs	Ba	鑭系元素	Hf	Ta	W	Re	Os	Ir	Pt	Au	Hg	Tl	Pb	Bi	Po	At	Rn
7	Fr	Ra	錒系元素	Rf	Db	Sg	Bh	Hs	Mt	Ds	Rg	Cn	Nh	Fl	Mc	Lv	Ts	Og
	鹼金屬	鹼土金屬															鹵素	惰性氣體

第1族元素（H除外） → 鹼金屬

陽性元素，單質富活性的輕金屬。可形成 1價陽離子。
要記的有鋰（Li）、鈉（Na）、鉀（K）。

第2族元素 → 鹼土金屬

陽性元素，單質活性僅次於鹼金屬的金屬。可形成 2價陽離子。
＊要記的有鈣（Ca）、鋇（Ba）。

第17族元素 → 鹵素

陰性元素，單質為由2個原子結合而成的分子（雙原子分子）。富活性。可形成1價陰離子。
＊要記的有氟（F）、氯（Cl）、溴（Br）、碘（I）

第18族元素 → 惰性氣體

單質於常溫下皆為氣態。以單一原子為單位咻咻咻地到處飛（單原子分子）。
沸點與熔點都非常低。化學性質相當穩定，難以形成化合物。
＊要記的有氦（He）、氖（Ne）、氬（Ar）

本書的化學式、化學反應式中，只會出現10個元素符號

把化學中的一堆元素符號最少化

就像前面說的一樣，化學是「變化的學問」。所以描述物質如何「變化」（化學變化）的化學式、化學反應式，是學習化學時不可或缺的重要要素。

不過，這些東西確實也是讓人對化學望之卻步的原因之一。所以**本書會將出現在化學式、化學反應式中的元素符號限制在右頁的10個以內**。只要大致記住這10個元素，就可以進入本篇了。

如果只是死背各種元素的元素符號，可能不容易記住，所以右圖也列出了各種元素符號的由來。

元素符號是以瑞典化學家**貝吉里斯**於1813年提出的想法為基礎，發展出來的系統。

拉丁語目前已是無人使用的語言（死語），但拉丁語以前曾與希臘語並列為西歐的古典語言。不僅是古羅馬帝國的官方語言，也是中世紀至近代，歐洲知識份子的共同語言。因此，許多元素名稱源自希臘語或拉丁語。還有些元素符號與英文名稱的首字母相同。

有些元素名稱以著名學者的名字命名，另外也有用發現該元素的地點命名，或是用研究該元素之學者的出生國家、城市命名，以紀念這些地方。

除了地球上的名字之外，有些元素還會用星體的名字來命名。

圖 H-6 元素符號與元素名稱的由來

元素符號	中文名稱	英語名稱	名稱、符號的由來
H	氫	Hydrogen	源自「可生成水的」的希臘語。
C	碳	Carbon	源自拉丁語Carbois（炭）。
O	氧	Oxygen	意為「產生酸的物質」。拉瓦節誤以為氧是產生酸的元素，而如此命名。
N	氮	Nitrogen	源自希臘語 nitron、nitrum「硝石」＋gennao「生成」。氮在日語為「窒素」，源自德語「讓人窒息的物質」。
Cl	氯	Chlorine	源自希臘語的Chloros（黃綠色）。氯氣為黃綠色。
Na	鈉	Sodium	源自Natron（碳酸鈉的拉丁語古名）英語名稱源自德語的「蘇打石」。
Mg	鎂	Magnesium	源自礦石產地馬格尼西亞。
Zn	鋅	Zinc	有兩種說法，分別是源自拉丁語「白色礦床」，以及源自德語「尖銳物」（叉子）。
Fe	鐵	Iron	源自拉丁語Ferrum（鐵）。
Cu	銅	Copper	源自礦石產地，賽普勒斯島。

序章

原子是什麼？

歸根究柢，「物質」是什麼？

「物質」有自己的「質量」與「體積」

歸根究柢，自然科學就是**研究「物質」的學問**。

不管是多小的「物質」，都有質量與體積。反過來說，只要有質量與體積，就是「物質」。**不管「物質」的形狀如何改變、狀態如何改變、運動或靜止、在地球上或者在月球上，「物質」的質量永遠不會改變**。

因此，A「物質」與B「物質」合為一體之後，質量必定等於A與B的質量相加。

圖 0-1 將杯子沉入水中的實驗

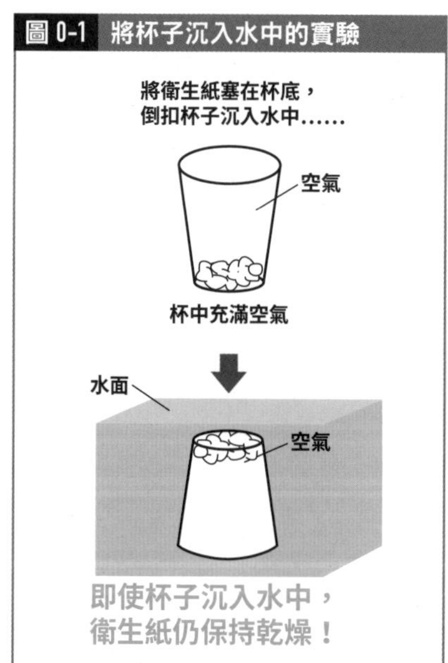

將衛生紙塞在杯底，
倒扣杯子沉入水中……
空氣
杯中充滿空氣
水面
空氣
即使杯子沉入水中，
衛生紙仍保持乾燥！

舉例來說，將10 g砂糖溶解於100 g水中，會得到110 g的糖水。「物質」的體積，指的是該「物質」佔有的空間大小（專用空間）。

將衛生紙塞在杯子底部，然後把杯子倒扣沉入水中。即使杯子沉入水中，衛生紙仍保持乾燥。這是因為空氣佔據了杯中空間，使水進不去杯子內。換言之，空氣也有其體積。如果在杯底開一個洞，水就會跑進去，並擠出空氣。

「物體」與「物質」的差異

化學領域常出現「物質」這個詞，物理領域則常使用「物體」這個詞。「物體」與「物質」都是指某個「物」，有時候其實沒什麼必要區分兩者。

那麼，「物體」與「物質」又有什麼區別呢？**當我們在描述一個「東西」的時候，主要關注的是這個「東西」的形狀、大小、用途、材料等。若我們關注形狀、大小等與外型有關的屬性，會稱其為「物體」。**

另一方面，杯子有玻璃杯、紙杯、金屬杯等種類。當我們焦點放在構成這個東西的材料時，便會稱該材料為物質。

材料指的是製造東西時使用的原料，也可以說是構成這個東西的原料。

也就是說，對於玻璃杯、紙杯、金屬杯而言，構成這些杯子的材料分別是玻璃、紙、金屬等物質。因此我們可以說「**物質就是『東西』的材料**」。所謂的物質，是從「**這由什麼構成？**」的角度描述一個東西，關注的是這個東西的材料，而這也是化學中常用到的概念。

圖 0-2 物體與物質

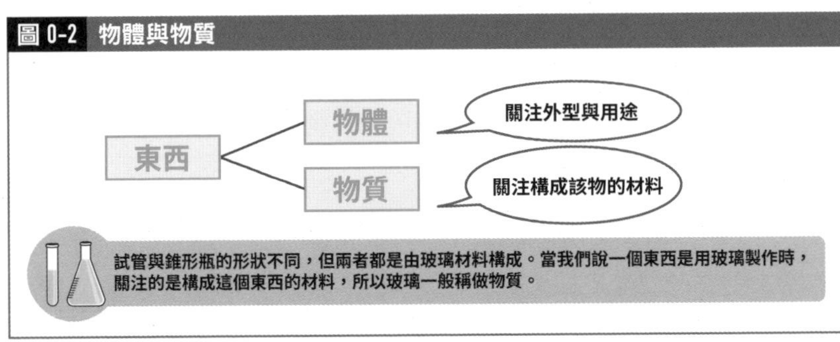
東西
物體
物質
關注外型與用途
關注構成該物的材料
試管與錐形瓶的形狀不同，但兩者都是由玻璃材料構成。當我們說一個東西是用玻璃製作時，關注的是構成這個東西的材料，所以玻璃一般稱做物質。

萬物皆由原子構成

構成物質之原子的性質

現在正在寫原稿的我，眼前的筆記型電腦由金屬、塑膠、液晶構成，而這些材料都是由原子構成。

生物體由原子構成。生魚片、豬肉、我們的人體，也都是由原子構成。

原子擁有右頁圖0-3列出的性質。

另外，物質可分成以下三大類。

- 由許多原子聚集而成的物質。
- 原子連結後形成分子粒子，這些粒子再構成物質。
- 由離子聚集而成的物質。離子為帶電荷的原子或原子團。

化學變化的巨觀視角與微觀視角

我們肉眼可見、可感覺到質量的世界，叫做巨觀世界（macroscopic）。

另一方面，**原子、分子、離子等構成物質之粒子所在的世界，叫做微觀世界（microscopic）**。

除了從巨觀視角掌握物質特性之外，也要從構成物質之原子的角度想像物質的樣子，這是理解化學原理時的重點。

圖 0-3 原子的性質

（原子的性質1）無法再分得更細＊

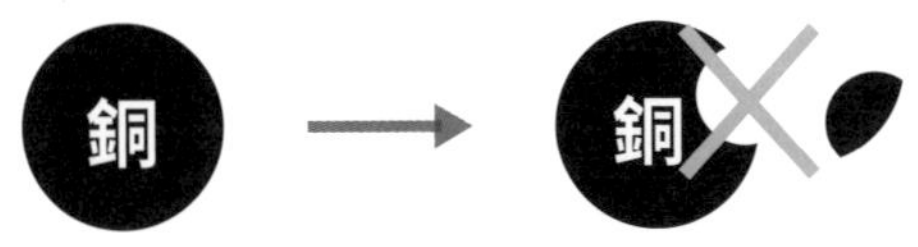

＊在使用「化學方法」的條件下

（原子的性質2）同一種原子，質量與大小固定

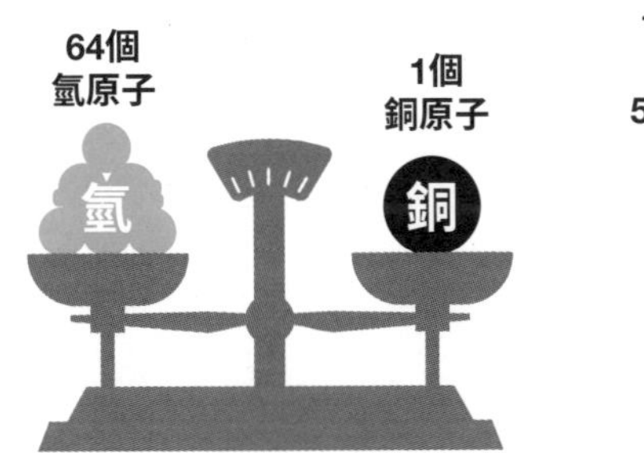

（原子的性質３）化學變化不會產生新原子、不會讓原子消失、也不會讓原子轉變成其他種類的原子

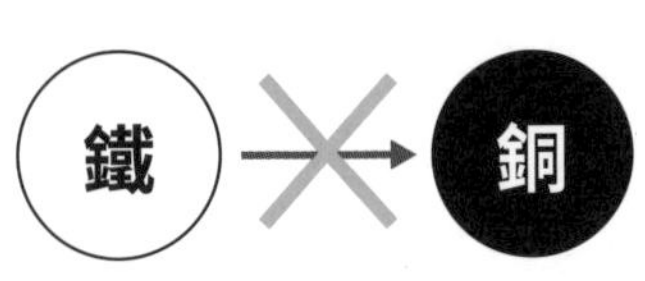

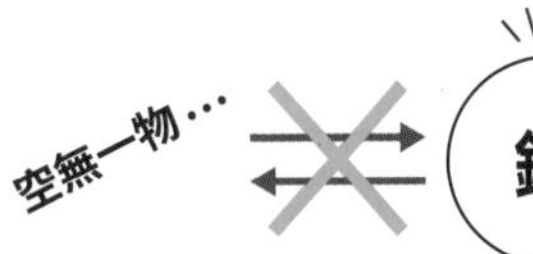

圖 0-4 原子的大小

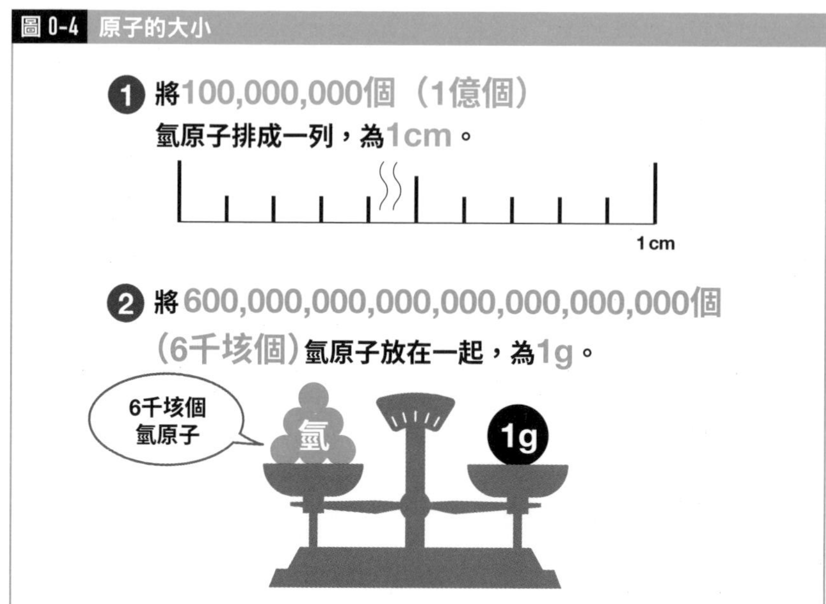
❶ 將100,000,000個（1億個）
氫原子排成一列，為1cm。
1cm
❷ 將600,000,000,000,000,000,000,000個
（6千垓個）氫原子放在一起，為1g。
6千垓個
氫原子
氫
1g

元素與原子

現在的我們已經知道物質是由原子構成，不過在確定原子的存在以前，人們認為物質僅由少數幾種要素（元素）構成。

從古代到中世紀，**亞里斯多德**提出的四元素說為主流，認為所有物質都是由火（熱、乾）、空氣（熱、濕）、水（冷、濕）、土（冷、乾）等四種元素構成。

不過在研究過各種物質之後，人們開始將「不論用何種方法，都無法分離成兩種以上之物質，且無法透過任兩種以上的物質經化學變化融合而成」的純物質稱做元素，以與其他純物質做出區別。**現在的元素則用於表示原子的種類。包含人造元素在內，週期表整理出了共118種元素。**

不管經過多少化學變化，原子都不會消失

碳原子之旅

我們人類體內各種原子的總重量（質量）比依序為：氧（65%）、碳（18%）、氫（10%）、氮（3%）、鈣（1.5%）、磷（1%）……等。

人體內最多的物質是水，而水由氧原子與氫原子構成。磷酸鈣是骨骼與牙齒的成分，故體內含有許多鈣原子與磷原子。碳原子可構成蛋白質、脂肪分子的骨架。氮原子為蛋白質的重要成分。

這裡讓我們把焦點放在碳元素上。大氣中的二氧化碳正逐漸增加，這些二氧化碳來自煤炭、石油、天然氣的燃燒產物，以及生物的呼吸等。

另一方面，二氧化碳也可做為植物光合作用的原料，或者溶於海水後被生物攝取，成為身體的一部分。植物光合作用所製造的有機物，會成為地球上的動物與我們人類的食物。

因此，我們的食物「來源」，可以說是空氣中的二氧化碳。**二氧化碳中的碳元素就這樣在地球上不斷循環，永不消失**。

構成我們身體的碳原子，多數來自植物吸收的二氧化碳。

這些二氧化碳可能是在某個動物呼出後，再被植物吸入，或者是微生物分解了某個動物的屍體後，將二氧化碳釋放至空氣中。我們體內各種元素的原子，以前可能是某隻蟑螂體內的原子。說不定還曾是歷史上的絕代佳人埃及豔后身上的原子。即使經歷了各種變化，原子仍不會毀壞、消失，最後構成了我們的身體。原子基本上

為不滅之物。原子於宇宙中誕生，經過各種變化後，構成了我們的身體。

如果反覆的化學變化也不會讓原子消失

整體物質的質量在化學變化前後並不會改變，即質量守恆，這叫做「質量守恆定律」。**即使化學變化的前後，構成物質的原子排列組合不一樣，整體的原子數目也不會改變。依照質量守恆定律，如果反應場所產生了某種物質，那麼反應物的質量就會相應地減少；相對地，如果加入其他反應物，整體質量就會增加**。

金屬中的鐵與鎂皆可燃燒，且燃燒後的質量會比燃燒前大。鐵與鎂燃燒後會產生氧化鐵與氧化鎂，質量增加的部分便來自氧元素。這些氧元素來自空氣，所以空氣中的氧氣會減少。

木材、紙張、蠟燭、煤油等物質燃燒後會變輕，這是因為燃燒後生成的物質散逸至空氣中，所以質量看起來變小了。木材、紙張、蠟燭、煤油等物質皆由碳、氫、氧構成，燃燒後，碳會變成二氧化碳、氫會變成水。若蒐集所有生成物並測量其質量，會發現質量的增加量等於可燃物燃燒時消耗的氧氣質量。

從原子的層級來看，化學變化並不會破壞原子、消滅原子。不管發生什麼樣的化學變化，原子的數目與種類都不會改變。只有原子連結的對象會改變而已，**反應前後的質量不會改變**。

第 1 章

原子的排列組合

第 1 章概覽

前面我們提到，所有物質皆由原子構成，並說明了原子的特徵。

而在第1章中，我們將討論物質變化時的原子變動，以及如何用化學反應式表示物質的變化。

首先，物質可分成水這類僅由單一物質構成的**純物質**，以及由兩種以上的純物質混合而成的**混合物**。

僅包含一種原子的純物質叫做**單質**，包含兩種原子以上的純物質則叫做**化合物**。

再來是物質的狀態，共有**固態**、**液態**、**氣態**等三種。就像水有冰（固態）、水（液態）、水蒸氣（氣態）等形態一樣，若物質變化時僅改變本身狀態，沒有轉變成其他物質，那麼這種變化稱做**狀態變化**。

物質的變化有兩種，一種是上述的狀態變化（物理變化），另一種是**化學變化**。

水分解後，會得到氫原子與氧原子。水、氫、氧互為不同物質。這種原物質消失、新物質誕生的變化，就是化學變化。水的狀態變化中，僅水分子的聚集情況改變，水分子本身並沒有被破壞。

我們會用**元素符號**寫出物質的化學式，再用這些化學式寫成**化學反應式**，描述一個化學變化（化學反應）。建構化學反應式，可讓我們預測物質的化學變化方式。當我們想透過化學變化製造新物質時，化學反應式可成為原料與方法的線索。

第1章 概覽圖

物質

1 純物質 | **2 混合物**

1 單質

2 化合物

物質狀態

1 固態 | **2 液態** | **3 氣態**

物質的兩種變化

1 狀態變化 | **2 化學變化**

化學反應

1 放熱反應

2 吸熱反應

化學式

1 元素符號 | **2 分子** | **3 係數**

化學反應式

混合物經分離後可得到純物質

純物質與混合物的差異

我們日常生活中常接觸的物質，多由多種物質混合而成。譬如空氣由氮氣、氧氣、氬氣混合而成；食鹽水為水與食鹽的混合物。像氮氣、氧氣、水這種由單一物質構成的物質，稱做**純物質（純粹的物質）**；而空氣、食鹽水這種由兩種以上之純物質混合而成的物質，則稱做**混合物**。

組成比例不同時，混合物的性質也會改變，所以化學研究通常以純物質為對象。因此，我們常需從混合物中分離出純物質，再進行化學上的操作。

從混合物中分離出純物質的方法

以下將介紹四種從混合物中分離出純物質的方法。

第一種方法是**過濾**。日常生活中，我們會在流理臺的排水口加上濾網，過濾出廚餘；沖咖啡時，我們會用濾紙過濾掉咖啡渣，僅讓萃取出來的咖啡通過。第二種方法是**萃取**。將熱水沖入茶葉或磨碎的咖啡豆後，可將茶葉或咖啡豆內易溶於水的成分溶出。像水這種可溶解其他物質的液體稱做**溶劑**。將混合物放入溶劑中，使溶劑溶出混合物中的目標成分，這個操作過程就稱做**萃取**。

第三種方法是**再結晶**。若要分離可溶於水與不溶於水的物質，可以用過濾方式分離；但若兩種物質皆溶於水，便不能用過濾分離，而是會透過再結晶方式分離。**所謂的再結晶，是將溶質（含雜質）溶解於溶液中，再從溶液中結晶出欲分離的物質**。

常用的再結晶方法有兩種，分別是「**冷卻高溫水溶液**」與「**蒸發掉水溶液的水**」，其中又以「冷卻高溫水溶液」較常使用。**溫度下降後，溶解度較小的物質便不再溶解於溶液中，而是析出結晶**。雜質含量本來就比較少，所以析出結晶時，雜質通常會繼續溶在水中，這表示析出之結晶內的雜質會比原本還要少。

第四種方法是**蒸餾、分餾**。從海水分離出純水（蒸餾水）、從紅酒中分離出乙醇時，就會用到這種方法。冷卻加熱海水時冒出的水蒸氣、冷卻加熱紅酒時一開始冒出的乙醇蒸氣等，皆為蒸餾的應用。**蒸餾是利用物質的沸點差異分離混合物**。

利用液體的沸點差異分離兩種以上的液體，稱做分餾。原油的分餾過程中，丙烷與丁烷於最低溫時分餾出來。丙烷與丁烷經壓縮後，可得到液化石油氣（LPG）。接著原油可再分餾出汽油、煤油、柴油。

另外還有透過溶質在溶劑內的移動速度差異，分離不同物質的色層分析等方法。

圖 1-1　蒸餾、萃取、過濾

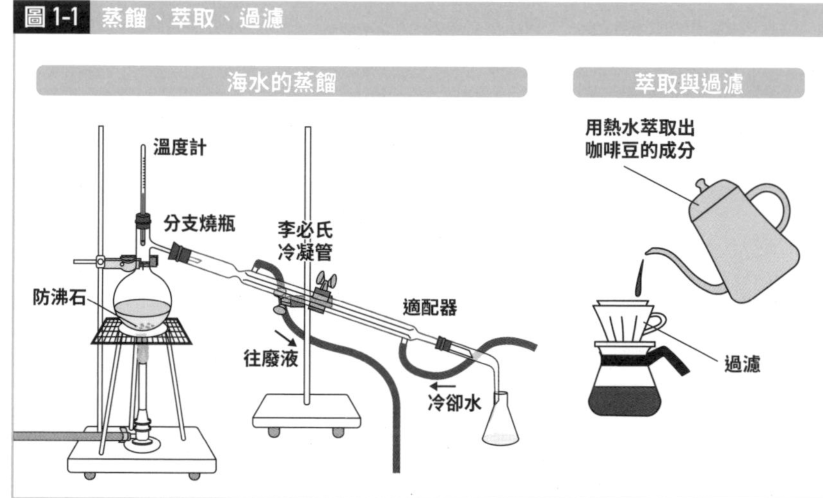

元素名稱有時是指「單質」，有時是指「化合物」

單質與化合物的差異

水經電解後，可得到氫氣與氧氣。而**分解水後得到的氫氣與氧氣，無法再分解成其他物質**。也就是說，將物質一直分解下去，最後就會得到無法再分解的物質，這樣的物質就叫做單質。除了氫氣與氧氣之外，包括碳、氮氣、鐵、銅、鋁、銀、鎂、鈉等。

單質是由單一種類的元素或原子構成的物質。單質無法透過化學反應分解成其他物質。因為是由單一種類的原子構成，所以也沒辦法經化學反應分解成其他原子。

由兩種以上之原子構成的物質，稱做化合物。**化合物可分解成2種以上的物質**。

鈣「有時指單質」，「有時指化合物」

元素名稱有時指的是單質，有時則是指化合物。舉例來說，「小魚乾含有豐富鈣質」這句話中的鈣，指的是魚骨內的含鈣化合物。單質的鈣為銀色金屬。而且單質的鈣碰到水時會產生氫氣，並溶解於水中，化學活性相當高，所以自然界不存在單質的鈣。骨骼裡的鈣也非單質的鈣。事實上，骨骼是鈣、磷、氧的化合物（磷酸鈣）。**鈣是這個化合物的重要元素，故我們常以鈣為代表，簡稱其為「鈣」**。

圖 1-2 物質的分類

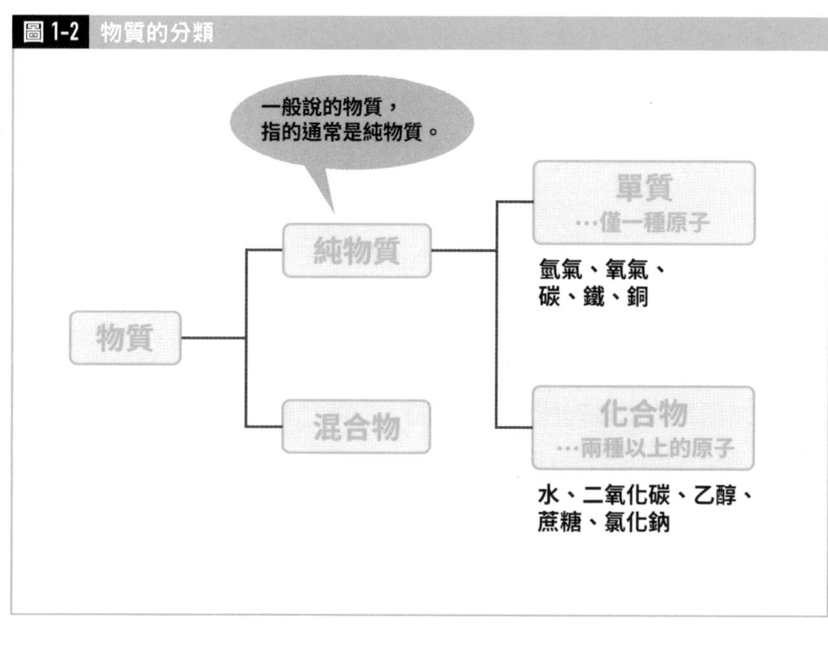

「鋇」也一樣。你可能聽過「接受胃的X光檢查時，需喝下鋇」。單質的鋇為銀色金屬，與鈣一樣，遇水會產生氫氣，並溶解於水中，而且單質鋇對身體有毒性。

事實上，胃X光檢查時所喝的「鋇」是硫酸鋇。硫酸鋇為白色不溶於水的粉末。患者喝下去的只是泡在水中的硫酸鋇而已，為乳狀液體，不會被身體吸收。鋇是硫酸鋇的重要元素，故我們以「鋇」為代表，將硫酸鋇簡稱為「鋇」。

事實上，目前「元素」名稱的使用仍有些曖昧不明。當我們說到「氧」時，指的可能是氧元素、非臭氧的單質氧、氧氣分子，或是氧原子，還要再閱讀上下文，才能推測出實際指的對象。

固態、液態、氣態分子的「連結方式」不同

物質的三種狀態

我們周圍的各種物質，可分成固態、液態、氣態等三種狀態。我們的肉眼可以看到固態與液態物質，氣態物質除了有色氣體之外肉眼皆不可見。

而將物質放入容器內時，固態、液態、氣態物質的外觀也有所不同。

固態物質在拿出容器後，外形與體積不會改變。

液態物質的體積不會改變，但形狀會隨著容器形狀而改變。

氣態物質在離開容器後會往外擴散。若將氣態物質封在袋中，可得到有彈性的氣體袋。

氣態是「咻咻」、固態會「抖動」

物質的固態、液態、氣態等三種狀態，是由原子、分子、離子聚集方式的差異造成。

首先，考慮由分子構成的物質。

氣態分子一個個彼此分離，以每秒數百m的速度，像噴射機一樣快速移動。

不過，每1 cm^3的空氣中約有3000京個分子，這些分子在移動時會撞到其他分子，所以飛行軌跡會彎來彎去。氣體分子一個個彼此分得很開，且會以很快的速度飛行，所以我們周圍的空氣分子一

圖 1-3 固態、液態、氣態

固態 從容器取出後仍保持原本的形狀。

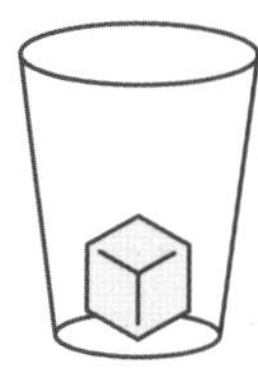

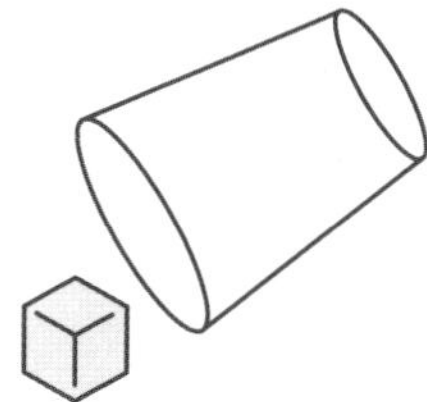

液態 外型隨著容器形狀改變，從容器取出後會流瀉一地。

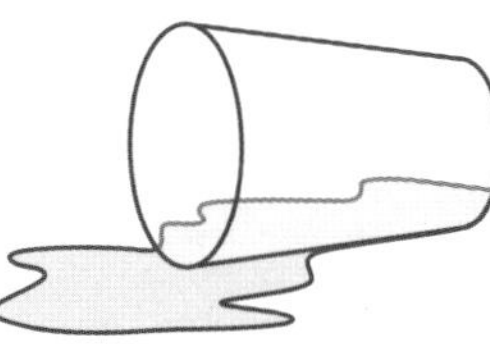

氣態 從容器取出後往四周擴散。

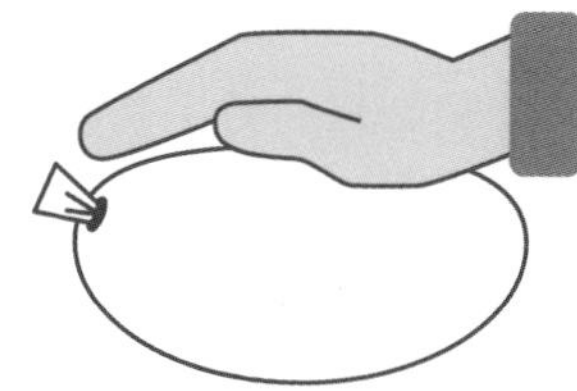

封於袋中，可得到有彈性的氣袋。

直在「咻咻」亂飛。因為氣體分子實在太小，且彼此分離，所以肉眼看不到。

圖 1-4 氣態分子的樣子

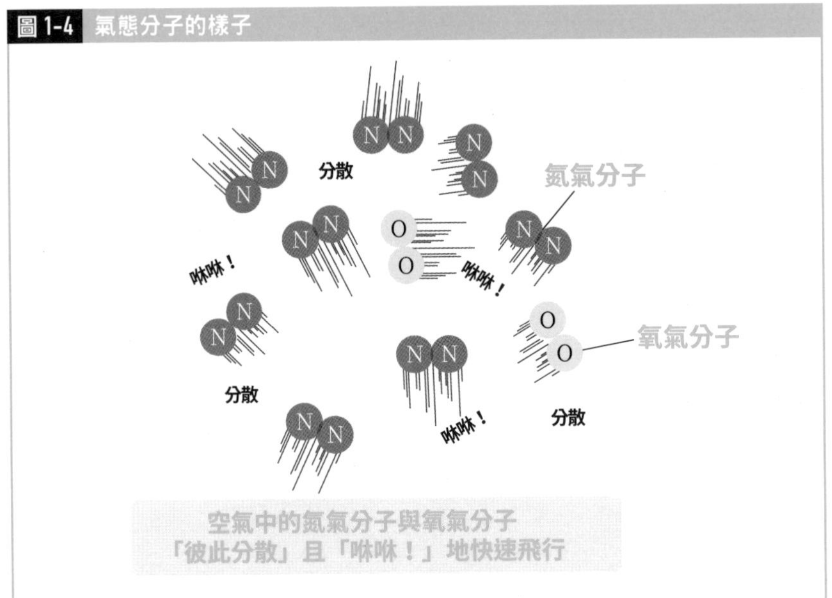

構成固體的分子，會以某一點為中心，持續抖動或振動。固態物質的分子間連結很強，故會保持一定體積與形狀。

液態物質與固態類似，分子間會彼此吸引。但液態物質也有類似氣態的一面，譬如液態物質的外形會隨著容器改變。

從容器中取出時，固態物質會保持原本的形狀，液態物質則會流瀉一地。**液態物質的分子會彼此吸引貼合，但不會像固態分子那樣固定不動，而是會到處流動**。

固態物質分子間的連結緊密，液態物質分子間的連結則較寬鬆，可能會一直改變分子的位置，使物質呈流動狀。

水有「固態⇔液態⇔氣態」的變化，但物質本身不會改變

狀態變化

物質的溫度可任意變化，可能變熱，可能變冷；溫度改變時，物質的狀態也可能會跟著改變，變化方式為「固態⇔液態⇔氣態」。這種因溫度而改變狀態的變化，稱做**狀態變化**。

狀態變化時，改變的僅為物質的狀態，不會轉變成另一種物質，所以不管狀態改變多少次，都能變回原本的狀態。

沸點為1大氣壓下，液態物質沸騰（液體內部紛紛轉變成氣體），轉變成氣態的溫度。另外，即使沒有達到沸點，液體表面也

圖 1-5 水的狀態變化

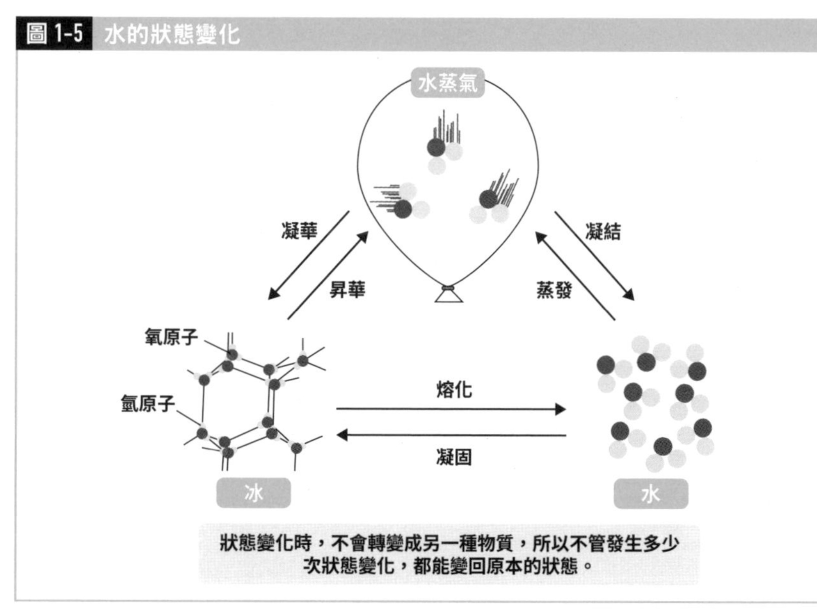
水蒸氣
凝華
昇華
凝結
蒸發
氧原子
氫原子
熔化
凝固
冰
水
狀態變化時，不會轉變成另一種物質，所以不管發生多少次狀態變化，都能變回原本的狀態。

會有蒸發現象。**熔點**為固態轉變成液態的溫度（熔化的溫度）。從液態轉變成固態的溫度，稱做**凝固點**。**熔點與凝固點的溫度相同**，所以一般用熔點做為代表。水在0℃以下會開始結冰，冰在0℃以上會開始熔化，所以**水的熔點為0℃**。熔點（凝固點）為物質固態與液態間的界線。每一種純物質都有特定的沸點與熔點。

我們呼吸時吸入的氧氣，在室溫下為氣態。

氧氣的沸點為-183℃、熔點為-219℃。若將氧氣冷卻到-183℃，會從氣態轉變成液態；若進一步冷卻到-219℃，則會轉變成固態。液態與氣態的氧氣帶有些微藍色。

金的熔點為1064℃、沸點為2856℃。金加熱到1064℃時，會開始熔化，轉變成液態的金。

若繼續提升溫度到2856℃，金就會開始沸騰，冒出氣態的金。

圖 1-6 熔點與沸點

物質	熔點（°C）	沸點（°C）
鎢	3407	5555
二氧化矽	1610	2230
鐵	1536	2862
銅	1085	2562
金	1064	2856
銀	962	2162
氯化鈉	801	1485
鋁	660	2519
鎂	650	1090
鋅	420	907
鉛	328	1749
氫氧化鈉	318	1390
錫	232	2602

物質	熔點（°C）	沸點（°C）
鉀	63.5	759
水	0	100
汞	-39	357
甲醇	-98	65
乙醇	-115	78
丁烷	-138	-0.5
丙烷	-188	-42
氮氣	-210	-196
氧氣	-219	-183
氫氣	-259	-253
氦氣	-272	-269

＊氦氣的熔點為25大氣壓下的數值，其他為1大氣壓下的數值。

由原物質變成新物質，叫做化學變化

兩種變化

水可以透過狀態變化，在固態、液態、氣態間轉變。**冰加熱後會熔化成液態的水，氣態的水蒸氣在冷卻後也會轉變成液態的水**。

不過，不管水在固態、液態、氣態間如何轉變，水還是水。如果將液態的水加熱再冷卻，會轉變成其他物質的話，就表示水在變成水蒸氣或冰之後，無法變回液態的水。

試著分解水，可以得到氫氣與氧氣。水、氫氣、氧氣皆為不同物質。水少了多少，就會生成多少的氫氣與氧氣。這種舊物質消失，新物質誕生的變化，叫做**化學變化**。水的狀態變化僅為水分子聚集狀況的變化，水分子本身沒有被破壞。而**水的分解為化學變化，水分子會轉變成氫氣分子與氧氣分子**。整體而言，2個水分子分解後可得到2個氫分子（每個氫分子由2個氫原子構成）與2個氧原子，2個氧原子會再鍵結形成1個氧分子。

圖 1-7 生成氫氣＋氧氣的化學變化

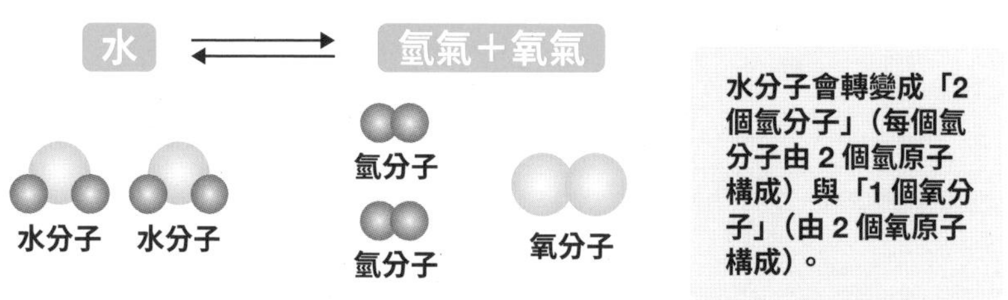

水 ⇄ 氫氣＋氧氣

水分子 水分子

氫分子

氫分子

氧分子

水分子會轉變成「2個氫分子」（每個氫分子由2個氫原子構成）與「1個氧分子」（由2個氧原子構成）。

物理變化與化學變化

相對於**物質本身不改變的物體變化，物質轉變成另一種物質的變化叫做化學變化**。物理變化中，物質可能會移動位置、改變速度或方向，物質本身並不會改變。水的狀態變化中，不管是冰、水，還是水蒸氣都是水分子，只是聚集情況改變而已，所以屬於物理變化。另一方面，化學變化中，舊物質消失，生成新物質。換言之，**物質改變了**。氫氣與氧氣反應後，生成的不是氫氣也不是氧氣，而是水這種物質。鈉與氯氣反應後，生成的不是鈉也不是氯氣，而是名為氯化鈉的物質。綜上所述，反應後的物質與反應前不同，會生成新物質的變化，就叫做化學變化（或是化學反應）。

化學變化與化學反應的意義相同，化學變化通常較關注變化的「結果」，化學反應則較關注變化的「過程」。

圖 1-8 氫氣／氧氣、鈉／氯氣的化學反應

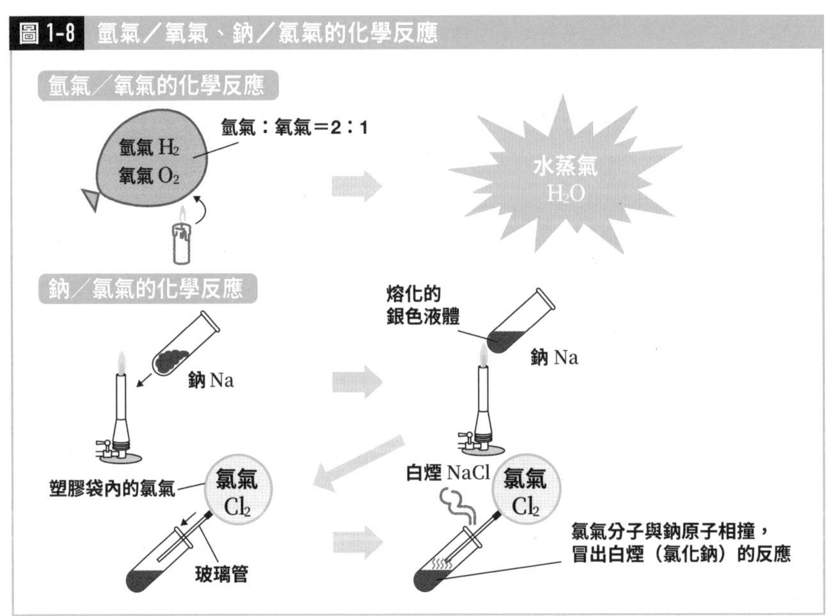

「質量守恆定律」於物理變化與化學變化皆成立

喝掉 1 kg 飲料後，體重會如何變化？

在我當國中老師時，曾從保健室搬來體重計，問學生以下問題。

【問題】

體重50 kg的人，喝掉1 kg飲料後再量體重，體重計會顯示多少kg？

ㄅ. 幾乎等於51 kg　ㄆ. 比51 kg還要輕一些　ㄇ. 比51 kg還要重一些

把飲料換成白飯也可以，只是喝飲料比較快。

小學課程中，學生會用黏土與鋁箔為材料，學到「物體即使改變形狀，質量仍不會改變」。而我的實驗則是這個實驗的人類版。

圖 1-9 喝下飲料後，體重會增加嗎？

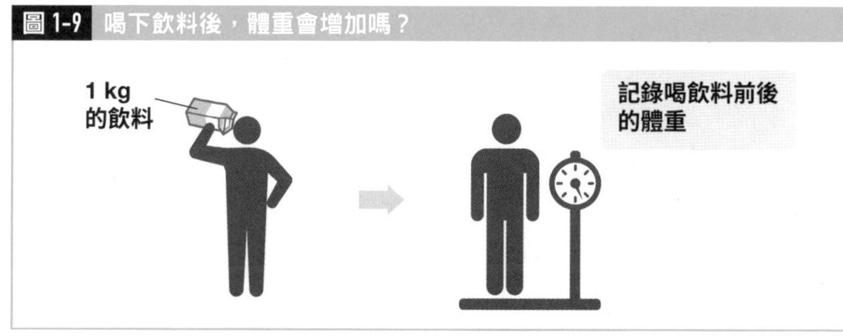

我實際讓一名學生喝下飲料，並站上體重計。

正確答案是ㄅ，不過喝下飲料後過一段時間，學生會流一些汗，使答案變成ㄆ。剛喝下飲料時，學生的體重確實會增加1 kg。

站在體重計上時，不管是單腳站立，還是在不改變姿勢的情況下改成雙腳站立，測量到的結果都一樣。

這表示**「物體有質量。不管物體的外型如何改變，物體的狀態如何改變，只要沒有物質離開或加入，物體的質量就不會改變。若有物質離開，物體會變輕；若有物質加入，物體會變重。反過來說，若物體變輕，就表示有物質離開；若物體變重，就表示有物質加入」**。所謂的**質量守恆定律**是成立的。

質量守恆定律

學校教科書中，描述「化學變化前後，物質整體的質量不會改變」的「質量守恆定律」，首次出現於國中自然科的化學領域。

不管是物理變化還是化學變化，都會遵守質量守恆定律。**例外則包括核分裂或核融合等，這些反應無法忽視質能轉換**。

質量守恆定律之所以會在教化學知識的時候登場，是因為物理變化時，質量守恆定律的成立理所當然，然而「**化學變化中，物質轉變成其他物質時，質量守恆定律也成立」**才是重點。

也就是說，即使發生化學變化，有舊物質消失、新物質誕生，化學變化前後的物質整體質量也會保持一致。

舉例來說，碳看似燃燒殆盡，但其實燃燒前的碳＋氧氣，與燃燒後的二氧化碳質量相同。

從微觀角度來看，**「原子不會消失，也不會有新的原子誕生。即使發生化學變化，也只是原子的排列組合改變而已，原子整體的種類與數目並不會改變」。**

化學反應包括「放熱反應」與「吸熱反應」

放熱反應與吸熱反應

我們會燃燒瓦斯，用熱能煮水，或者料理食材。液化石油氣瓦斯與天然氣瓦斯的成分不同，不過瓦斯的成分大致上皆為丙烷、甲烷等由碳元素與氫元素組成的**碳氫化合物**物質。

瓦斯燃燒後，碳氫化合物內的碳元素會轉變成二氧化碳，氫元素會轉變成水。我們會利用**燃燒**這種化學變化時產生的熱來加熱物體。這種會釋放出熱的化學反應，叫做**放熱反應**。相對的，會從周圍吸取熱能的化學反應，叫做**吸熱反應**。

放熱反應中，擁有高能量的反應物（反應前的物質），會轉變成能量較低的生成物（反應後的物質），並釋放出能量至外界。

相對的，在吸熱反應中，能量較低的反應物，會轉變成擁有高能量的生成物，並從周圍吸取能量。

發生放熱反應時，周圍溫度上升，使人感到灼熱；發生吸熱反應時，周圍溫度下降，使人感到冰冷。

我們周圍的化學變化幾乎都是放熱反應。各種物質的燃燒自不用說，金屬生鏽等緩慢的氧化反應也會放熱，使周圍溫度上升。

使用暖暖包時，內部的鐵粉會與水及空氣中的氧氣反應，產生熱使周圍變暖。

我們體內也會發生各種化學變化，此時產生的熱能可用於保持體溫。

取檸檬酸與小蘇打（碳酸氫鈉）各一小匙放在手掌上，再混合兩種粉末，並加入少許水，就會產生二氧化碳並冒出氣泡。此時手掌會覺得冷，這就是吸熱反應的例子。

微觀下「擠在一起會變暖、分開來會變冷」

原子、分子、離子等皆為構成物質的極小粒子。若這些粒子被分開來，溫度就會下降。要將本來連在一起的東西用力扳開來，需要額外的能量，而這些能量需從其他地方取得，所以自身溫度也得跟著下降。相對的，**將原本彼此分散的東西連接在一起，會讓溫度上升**。正是**「擠在一起會變暖、分開來會變冷」**，這個概念在人類世界中也通用。化學變化發生時，會放熱還是吸熱，常取決於粒子傾向於彼此分離，還是傾向於形成新的連結。

圖 1-10 放熱反應與吸熱反應

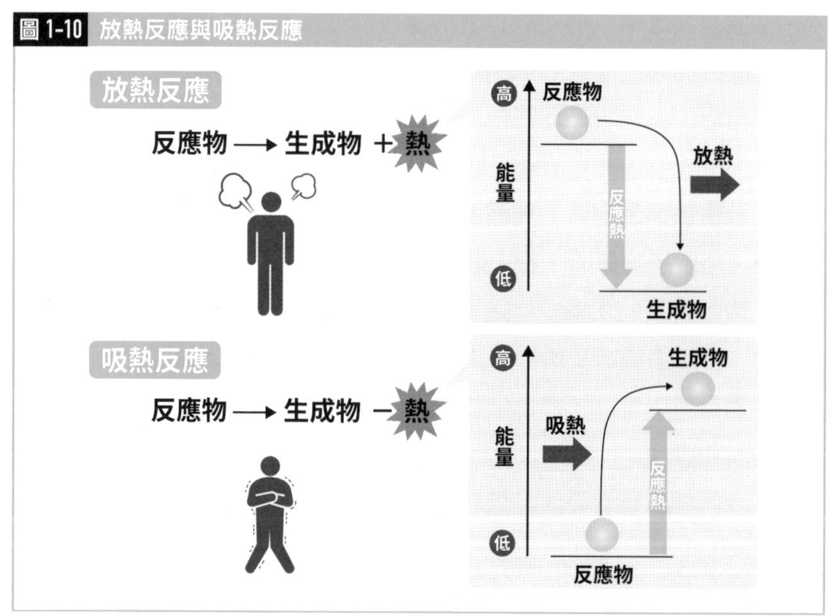

先記這些就好！元素符號與化學式

道爾頓的原子符號與現在的元素符號

以提出原子概念而著名的**道爾頓**，用符號○來表示原子。不同原子的符號，○內會加上不同的標記，譬如點、線，或者整個塗黑。譬如氧原子為○，氫原子為○的正中間加上點，碳原子為○內整個塗黑成●，硫原子則是在○內加上十字線。道爾頓是在1803年，也就是距今200多年以前提出了這些符號。在提出這些符號的10年後，化學家貝吉里斯提出了另一種方法，就是用元素名稱的前1個或前2個字母來表示原子。當時道爾頓堅持「原子是圓形顆粒」，堅決反對貝吉里斯提出的表示方式。他批評「貝吉里斯的符號會讓原子論的美蒙上陰影」，直到過世時仍不願接受。不過貝吉里斯提出的**元素符號**明顯方便許多，所以人們捨棄了道爾頓提出的符號。直到今日，貝吉里斯提出的化學符號仍是世界通用的表示方式。

圖 1-11 道爾頓的原子符號

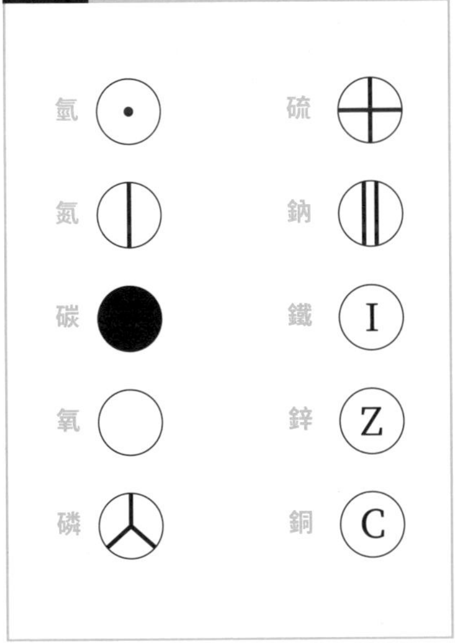

氫	⊙	硫	⊕
氮	○內一條直線	鈉	○內兩條直線
碳	●	鐵	Ⓘ
氧	○	鋅	Ⓩ
磷	○內三叉線	銅	Ⓒ

H C O N Cl Na Mg Zn Fe Cu等10個元素符號

如同我們在第22頁中提到的，本書的化學反應式只會用到10種元素符號。首先要請您記住的是5個非金屬元素，分別為H：氫、C：碳、O：氧、N：氮、Cl：氯。

其中，室溫下的H：氫、O：氧、N：氮、Cl：氯的單質皆為由2個原子結合而成的2原子分子。氫分子由2個氫原子H結合而成，H+H→H_2，氫的單質多以氫分子H_2形式存在。至於為什麼它們的分子都是由2個原子構成，我會在說明原子的電子組態時一併說明。

C：碳元素，可見於我們周圍的木炭、石墨（鉛筆筆芯的成分）等黑色塊狀物。碳元素為有機物（有機化合物）的核心原子。有機物會以碳元素C為中心，連接氧元素O與氫元素H，形成各種不同的物質。

再來要請您記住5種金屬元素，分別為Na：鈉、Mg：鎂、Zn：鋅、Fe：鐵、Cu：銅。

這些元素的單質在常溫下皆為固態，除了銅為紅色之外，其他皆為銀色。這5種單質皆有導電度、導熱度高（電流、熱能易通過）的性質。

我們周圍比較難看到鈉的單質。因為鈉容易與氧氣及水反應，生成化合物，所以鈉的單質需保存在煤油中，避免與氧氣及水接觸。

我們周圍幾乎看不到鎂的單質，不過鎂與其他金屬的合金有許多用途，譬如筆記型電腦的外框（包覆液晶與內部零件的外殼）。

鋅可用於製作乾電池的負極。建築物常使用的波浪板，就是鍍鋅的鋼板。因為鋅比鐵還要容易被腐蝕，所以即使波浪板受損，也是鋅先腐蝕，可保護內部的鐵。鐵與銅則是生活中的常見金屬。

以符號表示單質物質的化學式

我們可以用元素符號寫成化學式，來表示物質由哪些原子構成。舉例來說，氫氣與氧氣皆為2個同種類原子結合而成的分子（2原子分子）。我們可以用元素符號，將構成分子的原子種類與數目寫成化學式。將氫分子模型ⒽⒽ的Ⓗ換成H，會變成HH，因為是相同的原子，故可將個數寫於右下角，改寫成H_2。氧分子、氮分子、氯分子也一樣。

圖 1-12 氫分子、氧分子皆為 2 個原子構成的分子

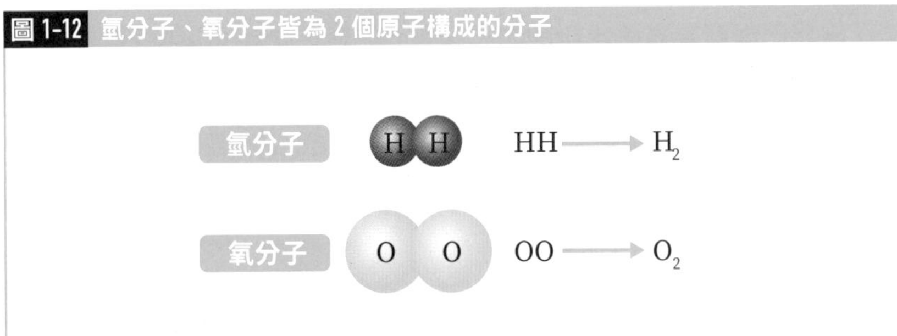

銅、鐵等金屬是由許多原子規則排列而成的物質，沒有分子這種顯而易見的單位。所以這裡需以單一原子為單位，譬如銅為Cu、鐵為Fe，皆以單一原子的元素符號來表示該物質。金屬以外的物質，如碳C、硫S等，也是用相同方式表示該元素的單質。

圖 1-13 銅、鐵、碳皆以單一原子的元素符號來表示

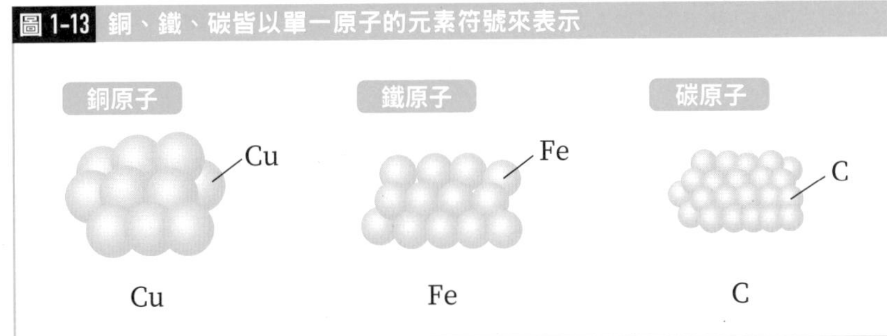

碳的單質可能為「黑色」或「無色透明」

即使由相同元素組成，原子的連接方式不同時，會得到性質不同的物質。這些物質互為同素異形體。例如自古以來便為人類熟知的木炭就是幾乎完全由碳元素組成。木材燃燒、分解後便可得到木炭。木炭是無定型碳，沒有明顯的結晶結構。其他無定型碳還包括工業用、顆粒大小固定的碳黑。除此之外，碳的同素異形體還包括鑽石、石墨、富勒烯等。也就是說，碳的同素異形體中，有木炭這種烏漆墨黑的物質，也有鑽石這種透明無色的物質。**漆黑的木炭（結晶化程度最高的木炭即為石墨），與無色透明且為堅硬物質的鑽石，兩者完全不像，卻都是由碳原子構成，燃燒後皆只會產生二氧化碳**。氧氣是2個氧原子結合成的氧分子O_2。氧氣O_2與由3個氧原子結合而成的臭氧O_3之間，也是同素異形體的關係。

有機物與無機物

「有機物」、「無機物」，到底是依照什麼東西的「有」或「無」來分類的呢？

首先，「有機物」的「有機」，意為「**活著，有生機的樣子」**。英語的organism，即有機體或生物，為**有生命的物體**。包括砂糖、澱粉、蛋白質、醋酸（食用醋的主成分）、乙醇等酒精、甲烷、丙烷等，許多物質都屬於有機物。而這些都是「**有機體製造出來的物質**」，所以稱做有機物。

相較於此，無機物則如水、岩石、金屬等，生成過程不需借助生物代謝的物質。無機物包括金屬、碳、氧氣、氫氣、氯氣、硫等所有單質，以及化合物中的鹽類。鹽類物質通常從名稱就能看出是鹽類。如果名稱內有**「…鐵」**、**「…銅」**、**「…鈉」**、**「…酸…」**、

圖 1-14 碳的同素異形體與氧的同素異形體

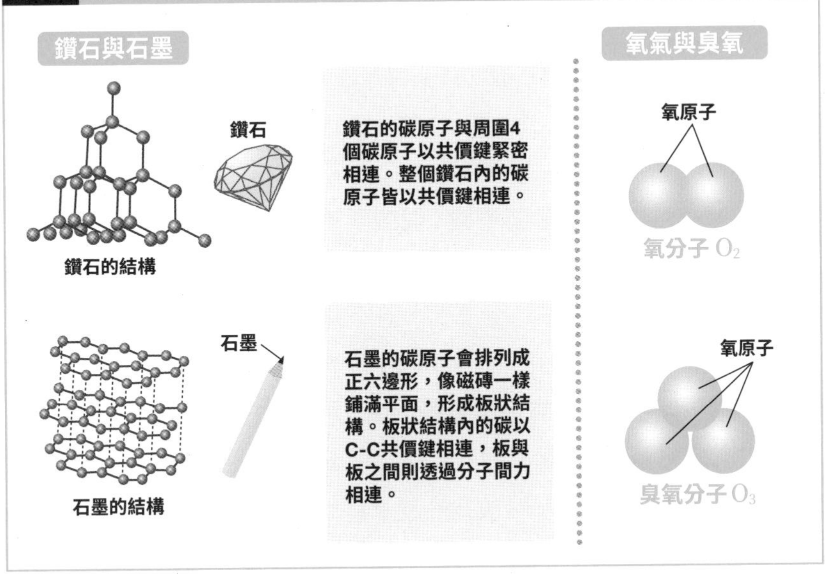

鑽石與石墨

鑽石

鑽石的結構

鑽石的碳原子與周圍4個碳原子以共價鍵緊密相連。整個鑽石內的碳原子皆以共價鍵相連。

石墨

石墨的結構

石墨的碳原子會排列成正六邊形，像磁磚一樣鋪滿平面，形成板狀結構。板狀結構內的碳以C-C共價鍵相連，板與板之間則透過分子間力相連。

氧氣與臭氧

氧原子

氧分子 O_2

氧原子

臭氧分子 O_3

「氯化…」、「氧化…」等詞，那就是鹽類。

以前人們認為，有機物僅能由生物製造，無法以人工方式製造。不過後來人們發現，可以用無機物做為材料，製造出某些有機物。**現在我們已不會用「是否僅能由生物製造」來區別有機物與無機物**。但即使如此，有機物仍有許多無機物沒有的特徵，所以至今仍保留有機物這個詞。現在，有機物一詞指的是**「以碳為中心的物質」。目前已命名的物質超過2億種，其中有九成以上屬於有機物，**且有許多有機物不存在於自然界。

不過，**一氧化碳、二氧化碳，以及碳酸鈣等碳酸鹽類，雖然也含有碳元素，卻不算在有機物內。無機物的定義則是有機物以外的物質**。

表示化合物的化學式

接著要說明的是H：氫、C：碳、O：氧、N：氮、Cl：氯、Na：鈉、Mg：鎂、Zn：鋅、Fe：鐵、Cu：銅等10種原子與其他原子結合成**化合物**時的化學式。

水的水分子由2個氫原子與1個氧原子結合而成。但並非「氫原子—氧原子—氫原子」（H-O-H）般的直線狀分子，而是彎成了「く」字形。水的化學式（分子式）並不會表現出它的形狀，而是將HOH中的相同原子放在一起，寫成H_2O。

碳燃燒後生成的二氧化碳分子，由2個氧原子與1個碳原子結合而成。分子呈直線狀，如「氧原子—碳原子—氧原子」，即OCO。一般會將相同原子會放在一起，寫成CO_2。

圖 1-15 水分子

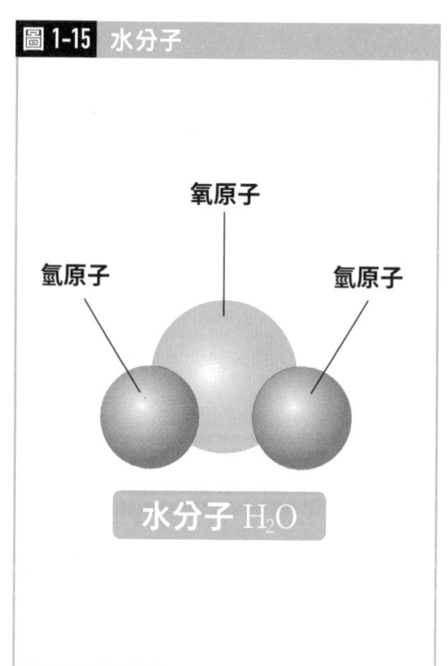

圖 1-16 二氧化碳分子

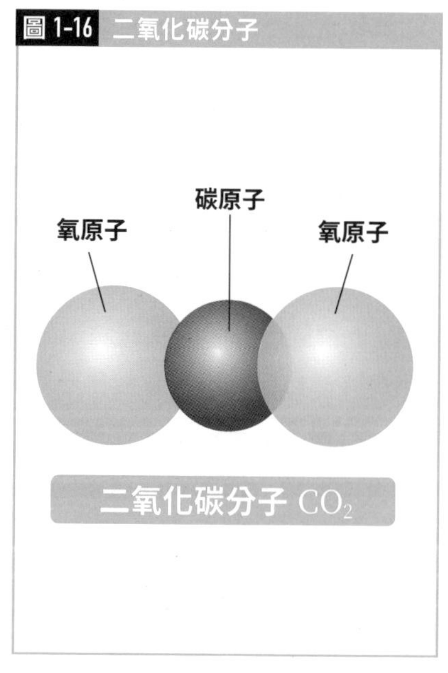

圖 1-17 甲烷分子

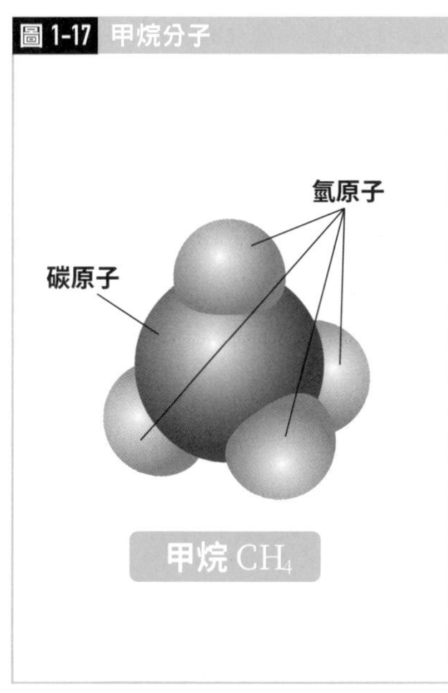

甲烷是最簡單的有機物。**甲烷分子由1個碳原子與4個氫原子結合而成**。

甲烷分子的形狀為完美的正四面體。中心為碳原子，四個頂點為氫原子。化學式為CH_4。

金屬元素與非金屬元素之化合物的化學式

食鹽主成分為氯化鈉，是鈉原子與氯原子以1：1之個數比結合而成的結晶。

過去人們認為所有物質的基本單位都是簡單的分子。也就是說，過去人們認為氯化鈉的結晶是氯化鈉分子的集合。

不過後來科學家發現，**金屬、以及氯化鈉這種由金屬元素與非金屬元素組成的化合物，不會以獨立分子的形式存在**。

乍聽之下可能不大好理解。以冰為例，冰是由許多彼此獨立的水分子集合而成，但氯化鈉中的氯原子與鈉原子並沒有固定的結合對象。對於每個氯原子，或者每個鈉原子來說，都分別與多個鈉原子或氯原子彼此吸引結合。

精確來說，氯化鈉中的鈉以鈉離子這種陽離子的形式存在，氯則以氯離子這種陰離子的形式存在，兩者分別帶有正電荷與負電荷，以靜電力（庫倫力）彼此吸引，形成結晶。

圖 1-18 氯化鈉結晶與化學式

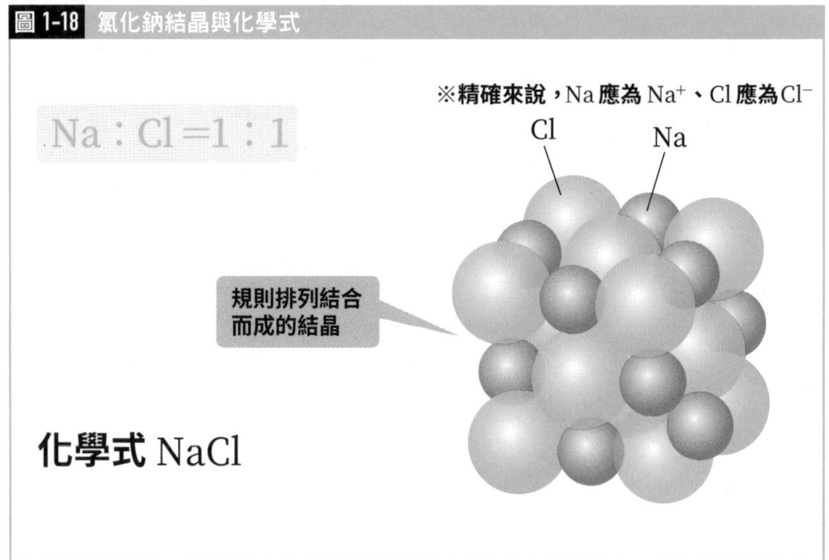

「$5H_2O$」表示「H_2O有5個」

H_2與2H有什麼差別？

H_2指的是「**2個氫原子結合成1個分子**」，2H是「**2個氫原子**」的意思。

$5H_2O$的意思

有時候，水的化學式前面會加上數字。

以$5H_2O$為例，5叫做**係數**，表示有5個H_2O。

H後面小小的2，表示這個分子內有2個H。O後面沒有數字，是因為只有1個，省略了1。

所以$5H_2O$中，含有10個氫原子、5個氧原子。

圖 1-19 $5H_2O$

$5H_2O$表示有5個水分子

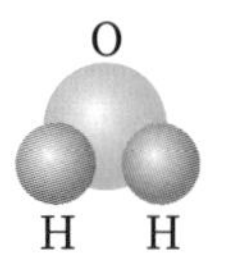

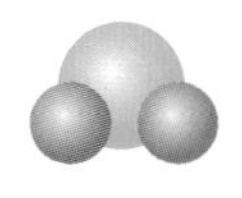
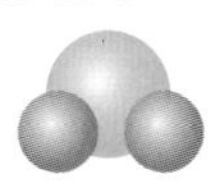
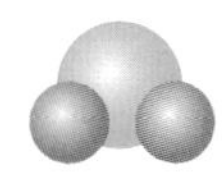

1個水分子 → 2個氫原子與1個氧原子
水分子5個 → 10個氫原子與5個氧原子

$5H_2O$ ➡ H：10個 O：5個

如果是3個二氧化碳分子CO_2，會寫成$3CO_2$。

$3CO_2$共含有3個碳原子與6個氧原子。

用「化學反應式」表示「碳的燃燒」

化學式相當方便

化學反應式可用化學式描述化學反應過程。

化學反應式的建構，可讓我們預測化學變化的方式。當我們想透過化學變化製造新物質時，化學反應式可成為原料與方法的線索。

碳元素燃燒的化學反應式

燃燒碳元素時，會有龐大數目的碳原子集團與氧原子相撞，使碳原子的集合轉變成氧原子—碳原子—氧原子這種新的連接方式，即二氧化碳分子。**在化學反應式中，會將反應前的物質（反應物）寫在化學式的左邊，將反應後的物質（生成物）寫在化學式的右邊，中間以箭號（→）連接**。若以中文改寫碳燃燒的式子，會得到「碳＋氧→二氧化碳」。這些物質的化學式分別是碳C、氧O_2、二氧化碳CO_2，所以化學反應式為「$C+O_2 \rightarrow CO_2$」。寫出反應式後，需確認箭號（→）左右，即反應前（反應物）與反應後（生成物）的原子種類、數目是否相符。左邊有1個C，CO_2內也有1個C；右邊有2個O，CO_2內也有2個O，這樣便完成了化學反應式。

氫與氧化合（氫的燃燒）的化學反應式

氫 ＋ 氧 → 水

H_2 ＋ O_2 → H_2O

在這個化學式中，左右的H數目相等，但O的數目不相等，所以需進行**係數平衡**。

加上係數，使左邊（反應前）與右邊（反應後）的原子數目相等。因為反應前後的原子數目不會改變。

為使左右的O的數目相等，所以需於右邊再加上1個H_2O。

H_2 ＋ O_2 → H_2O H_2O

O的數目平衡了，但H的數目卻變得不平衡。為了使左右兩邊的H數目相等，需增加1個H_2。這樣左右兩邊的原子數就相等了。

H_2 H_2 ＋ O_2 → H_2O H_2O

2個氫分子可寫成$2H_2$，2個水分子可寫成$2H_2O$，故化學反應式可寫成「$2H_2+O_2 \rightarrow 2H_2O$」。

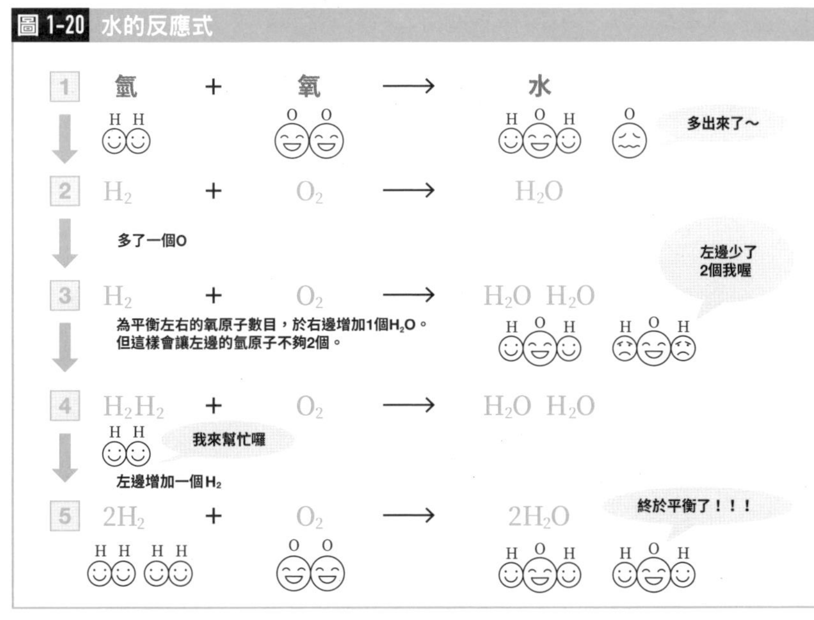

圖 1-20 水的反應式

用化學反應式表示「甲烷的燃燒」

甲烷（天然氣主成分）燃燒的化學反應式

甲烷CH_4燃燒時，甲烷的C原子會與氧氣反應，生成二氧化碳CO_2；H原子則會生成水H_2O。

①反應物的化學式寫在箭頭左側，生成物的化學式寫在箭頭右側。

甲烷 ＋ 氧氣 → 二氧化碳 ＋ 水

$$CH_4 + O_2 \rightarrow CO_2 + H_2O$$

此時左右兩邊的C數目相等，H與O的數目卻不相等。

②平衡兩邊的H。增加1個水分子，再整合2個水分子，將H_2O的係數改為2。

$$CH_4 + O_2 \rightarrow CO_2 + H_2O$$
$$H_2O$$

$$CH_4 + O_2 \rightarrow CO_2 + 2H_2O$$

③平衡兩邊的O。若有1個CH_4，會生成1個CO_2、2個H_2O。1個CO_2有1個O原子、2個H_2O有2個O原子，共有4個O原子。所以左邊需再增加1個O_2。整合後需將O_2的係數改為2。

$$CH_4 + O_2 \rightarrow CO_2 + 2H_2O$$
$$O_2$$

$$CH_4 + O_2 \rightarrow CO_2 + 2H_2O$$

用化學反應式表示「金屬的氧化、燃燒」

不同金屬的活性也不一樣

以下金屬活性由大到小依序為鈉Na、鎂Mg、鋅Zn、鐵Fe、銅Cu。與氧氣反應的容易程度順序也是如此。如前所述，鈉接觸到氧氣、水時會馬上反應，所以鈉需保存在不會接觸到氧氣與水的煤油內。

鎂點火後會劇烈燃燒並釋放出刺眼光芒，轉變成白色固態物質（氧化鎂MgO）。鐵塊不易燃燒，但如果製成細絲狀、增加表面積，使其容易與氧氣接觸，便可在空氣中燃燒。由極細鐵絲製成的鋼絲絨點火後，會一閃閃地燃燒，轉變成黑色固態物質。事實上，鐵有數種氧化物，前面的例子中，燃燒產物為氧化鐵（Ⅲ）Fe_2O_3。另外還有氧化鐵（Ⅱ）FeO與四氧化三鐵Fe_3O_4。

鋅、銅的粉末在空氣中加熱時，分別會形成白色的氧化鋅ZnO，以及黑色的氧化銅CuO。

鎂燃燒的化學反應式

讓我們試著寫寫看鎂燃燒的化學反應式吧。

鎂 ＋ 氧 → 氧化鎂

Mg ＋ O_2 → MgO

Mg MgO

整理後如下。

$2Mg + O_2 \rightarrow 2MgO$

鐵燃燒的化學反應式／還原的化學反應式

鐵　＋　氧　→　氧化鐵（Ⅲ）

$Fe + O_2 \rightarrow Fe_2O_3$

箭號（→）左右兩邊的Fe與O數目皆不相符。此時，應先平衡數目較複雜的氧原子。2與3的最小公倍數為6，所以氧與氧化鐵的O皆需增加到6。

$Fe + O_2 \rightarrow Fe_2O_3$

O_2　Fe_2O_3

O_2

如此一來，箭號→左右兩邊的O皆為6個，但右邊的Fe變成了4個，所以左邊的Fe也要增加到4個（4Fe）。

$4Fe + 3O_2 \rightarrow 2Fe_2O_3$

與Cu與O的結合（CuO）相比，C與O的結合（CO_2）力量較強，所以將氧化銅CuO與碳C一起加熱時，C會與CuO的O結合，搶走Cu的O。這種氧化物的氧被搶走的反應，稱做還原。

氧化銅　＋　碳　→　銅　＋　二氧化碳

$CuO + C \rightarrow Cu + CO_2$

→左右兩邊的O數目不符，故於左邊增加1個CuO。

$CuO + C \rightarrow Cu + CO_2$

CuO

→左右兩邊的Cu數目不符，故於右邊增加1個Cu。

$CuO + C \rightarrow Cu + CO_2$

CuO　Cu

整理後如下。

$2CuO + C \rightarrow 2Cu + CO_2$

第 2 章

週期表的
形成歷史

第 2 章概覽

如同我們在第16頁中提到的，**週期表**就像世界史的世界地圖，或是日本史的日本地圖一樣，是原子學習之旅中，如「導航地圖」般重要的工具。

我們將於第3章中說明如何閱讀週期表，本章則會介紹化學這門學問的演進，以及週期表的誕生等化學史。

首先，提到化學的歷史，可以追溯到人類開始懂得用火的原始時代。人類懂得用火之後，開始掌握加熱的技術，陸續提煉出黃金、青銅、鐵等金屬。

隨著時代的演進，到了古希臘時期，哲學家們開始思考「物體到底由什麼東西構成？」。以這個問題為起點，哲學家們開始探究這個世界的根本。於是，**德謨克利特**提出了**原子論**，認為「萬物皆由原子組成」。相對的，**亞里斯多德**則提出**四元素說**，並批評德謨克利特的原子論。

從古代到17世紀，鍊金術曾相當盛行。化學與鍊金術乍看之下無任何關聯，但其實鍊金術的發展為化學奠定了堅實的基礎。

進入18世紀後，發生了**化學革命**。拉瓦節提出了**燃燒理論**，以及**元素的定義**。

到了1869年，俄羅斯化學家**門得列夫**發表了第一個週期表。門德列夫週期表中懸缺的第18族惰性氣體，在1894年發現氬之後也陸續被發現。1900年時，最後一個惰性氣體氡被發現後，終於得到了完整的週期表。

第2章 概覽圖

原始時代學會用火

使用金屬

1 金　2 青銅　3 鐵

古希臘

1 德謨克利特的原子論　2 亞里斯多德的四元素說

古代到 17 世紀盛行的鍊金術

18 世紀的化學革命

1 拉瓦節的燃燒理論、元素的定義　2 道爾頓的原子量

19 世紀 週期表誕生

惰性氣體的發現

火的使用是一切的開始

火的使用是人類劃時代的進步

雙腳行走，讓人類得以用手使用道具。

一開始，人類用木材、石頭等材料製作道具。木棒、木槍、有銳利刀刃的打製石器可做為武器，石器可用於切割捕獵到的動物，方便食用。

再來是火的使用。人類或許是從火山噴發、落雷引起的火災等自然界火災中，發現了燃燒現象。於是人類嘗試接近野火、操弄野火、暫時性用火，然後逐漸轉變成日常性用火。後來人類發現可以透過木材與木材的摩擦、石頭與石頭的敲打產生火苗。

我猜想，原始時代一開始對火有興趣的人群應該是小孩子吧。與害怕火的大人不同，原始人少年們可能會嘗試用未燃盡的野火點燃枯木，然後與朋友們一起玩火。在玩火的過程中，少年們發現動物會怕火。而大人們在知道火可以趕跑動物之後，便會召集群眾一起趕跑可怕的肉食獸類。

懂得用火的人類，會用火來防禦猛獸侵襲、照明、保暖、料理。

窯的發明

進入智人的時代後，人類發現火可以把黏土燒硬，便開始用火燒製土器、磚塊等。有了土器後，食物的調理與貯藏技術得以改善，食物選擇也進一步擴大。

早期土器的燒成溫度為600~900℃，為露天燒製。後來發明了窯，用土或石頭圍住，將火與燒製品分開，大幅提升了燒成溫度，製作出堅固的土器、陶器。

最初使用的是金屬形式的黃金與銅

活躍於19世紀的哥本哈根國立博物館館長**克里斯蒂安．湯姆森將人類的文明史分成了「石器時代」、「青銅器時代」、「鐵器時代」**。當時博物館以材質為基準，將收藏品中的工具，特別是刀具，分成了石製、青銅製、鐵製，故也依此將文明史分成了三個年代。這種區分年代的方式一直沿用至今。

古代社會中，人類最早使用的金屬，是開採出來時自然狀態為金屬形式的黃金與銅。另外，也會使用鐵隕石的鐵。克里特島的克諾索斯宮殿，在西元前3000年左右便已使用銅。西元前2500年左右的埃及孟非斯神殿也有用到銅製水管。

從礦石中提鍊金屬

黃金很漂亮，但過於柔軟難以製成工具。自然銅與鐵隕石的產量並不豐富。**地球上幾乎所有金屬皆與氧或硫形成化合物，存在於礦石中**。於是人類嘗試**將礦石與木炭混合加熱，成功提煉出金屬**。

這是化學反應在生產技術上的正式應用。從礦石中提煉出金屬，或是將提煉出來的金屬進一步精鍊、製成合金等過程，皆稱做**冶金**。用冶金方式從礦石中提煉出金屬是相當複雜的工作。舉例來說，自然界存在金屬銅，但我們一般會從礦石中提煉出銅。銅礦中的銅與氧、硫等元素結合，需設法去除礦石中的氧與硫，才能提煉出金屬銅。

銅礦中的氧、硫與銅的結合力並不強，所以只要將銅礦和「與氧、硫的結合力強」的物質一起加熱，就可以得到金屬銅了。當時的人們應該是將銅礦石與薪柴（做為燃料使用的細枝、細柴）交互堆疊，點火反應，提煉出金屬銅。

後來人們用木炭取代薪柴，並用石頭堆成爐，使銅礦與木炭在爐內反應，煉出金屬銅。在國中自然科的「碳還原氧化銅」中可以學到以上內容。

圖 2-1 碳還原氧化銅

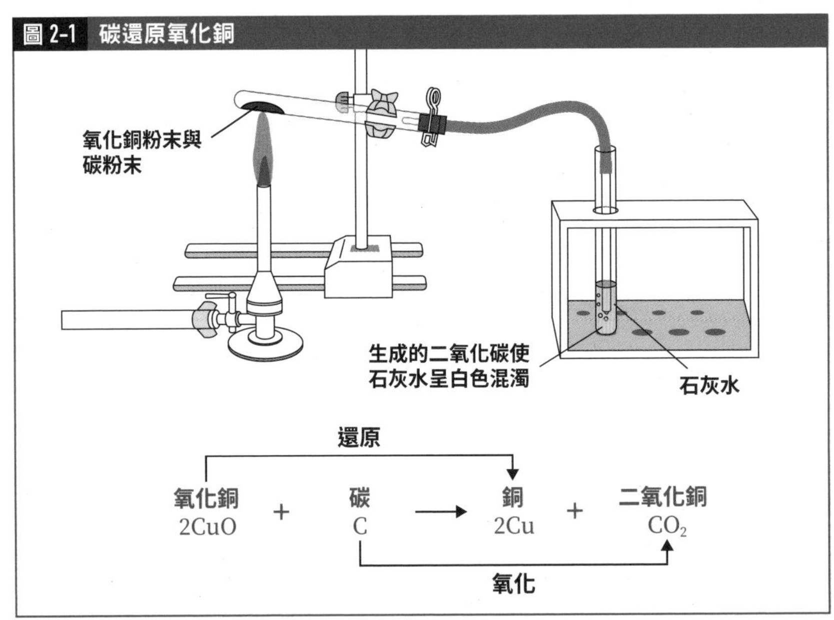

製造青銅

將生成的銅塊放入土器的壺內加熱，使銅熔化成液態，再倒入鑄模待其冷卻，便能得到特定形狀的銅器。

純銅偏柔軟，若加入錫製成合金，即青銅，便可由含錫比例調整青銅的硬度。青銅比銅還要硬、還要堅固，可製成農用鋤頭、鏟，也可製成刀、槍等武器。

純銅的熔點（固態熔化成液態的溫度）為1085℃，青銅可於較低的溫度900℃熔化，加工較容易。古埃及在西元前2000年左右便已大量使用青銅。

圖 2-2 金屬應用史

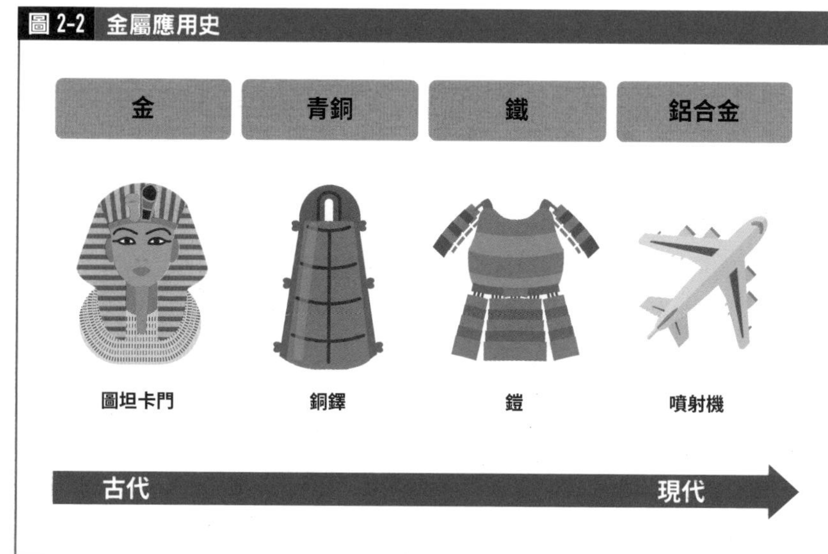

進入鐵的時代，比青銅更硬更強的鐵

鐵礦石中鐵與氧之間的結合力，比銅與氧的結合力還要強，所以從鐵礦石中提煉出鐵，是相當困難的工作。

後來，人類掌握了使用木炭從鐵礦石中提煉出鐵的技術。從青銅器文明進入鐵器文明。

鐵與碳混合後得到的鋼，比青銅更硬更強，更適合做為農具或武器的材料。

直至今日，鐵的用量仍遠遠大過其他金屬。

古希臘的原子論與四元素說

兩千多年前，希臘哲學家們提出的假說

西元前6～7世紀，在愛琴海東岸愛奧尼亞地區的希臘殖民都市米利都，許多哲學家開始思考「物質由什麼東西組成？」這個問題，其中又以**泰勒斯**（西元前624年左右～前546年左右）、**德謨克利特**（西元前460年左右～前370年左右）、**亞里斯多德**（西元前384年左右～前322年左右）等三人的主張最受矚目。從泰勒斯出生的西元前624年，到亞里斯多德去世的西元前322年，橫跨了約300年的時間，希臘就在這300年間綻放出璀璨文明。

這三名古希臘哲學家出生於愛奧尼亞地區，面向愛琴海，且位於往黑海航道上的要衝，地區內各殖民都市的商業皆相當發達。西元前11世紀時已開始使用農用鐵器，大幅提升了生產力。到了西元前7世紀，本區開始使用貨幣，讓工商階級累積了大量財富，所以學者們不需依賴貴族、神殿的資助，更有餘裕思考事物的原理。

泰勒斯主張「所有物質都由水組成」

第一位嘗試回答「物質由什麼東西構成？」這種根本性問題的人是泰勒斯。泰勒斯是一位大貿易商，常搭船在地中海旅行、貿易，譬如將橄欖油賣到埃及等。看到廣大世界的他，想試著回答「世界上的物質由什麼東西構成？」這個大哉問。

泰勒斯的問題如下。

「世界上有各式各樣數不清的物質，每種物質也有著各式各樣的變化。唯一不變的事，就是物質會持續變化。雖然物質會持續變化，卻無法無中生有，也不會憑空消失。換言之，物質不生不滅。」

那麼，「**為什麼世界上有數不清的物質，且物質還會持續變化，物質整體卻不生不滅呢？**」。

泰勒斯認為「所有物質都是由某種『本原』構成」，並把目光轉向水。

「寒冷時水會結冰，加熱後會恢復成水。水加熱後會變成肉眼不可見的水蒸氣，冷卻後會變成肉眼可見的霧氣，並形成水滴。河川、海洋、地面的水會轉變成水蒸氣，上升至高空，形成雲。雲會降下雨雪。水有許多變化，但不管怎麼變都不會消失。金屬的變化、生物身體的變化等，也和水的變化一樣。即使外觀、形狀改變，這些物質也不會憑空消失。**所有物質應該都是由某種『本原』般的物質構成才對。構成金屬或生物身體外型的『本原』應該一樣才對。那麼，就把這個構成所有物體的『本原』，命名為『水』吧。**」

以泰勒斯的「水」為契機，許多學者紛紛開始議論「萬物的『本原』（元素）是什麼？」。

有些人認為「空氣」是「本原」（元素），空氣壓縮或膨脹後，會變成水、土、火，進而形成自然界中的各種物質。還有些人認為「火」是「本原」（元素），因為「時而燃燒、時而熄滅，卻永不消失的火」，就像千變萬化的自然界一樣。

主張原子論的德謨克利特「原子可在虛空中誕生」

在這樣的時代，出現了一位「知識巨人」。那就是**德謨克利**

特。德謨克利特認為「**構成萬物的『本原』為無數的粒子，每個粒子都無法再分割」**。並將這些無法再分割的粒子，稱做**「atom」（原子）**，在希臘語中意為「無法被破壞之物」。

德謨克利特還注意到了另一件很重要的概念。那就是「空無一物的空間」（虛空），以現代科學語言來說就是**「真空」**。他認為，**為了讓原子佔據位置、任意移動，必須有個「空無一物的空間」才行**。

德謨克利特腦內浮現的世界中「無數原子在一個空無一物的空間中，持續劇烈移動，彼此撞擊，形成漩渦。某些原子會與其他原子結合，形成一個更大的集合體。這個集合體之後可能會被破壞，變回原來彼此分離的原子」。

他也認為「原子的排列組合改變後，會形成不同種類的物質。**萬物皆由原子組合而成**，『火、空氣、水、土』都不例外」。

這種認為萬物皆由原子構成的理論，叫做**原子論**。比較同體積的鐵與鉛，鉛明顯比鐵重，卻比鐵軟。德謨克利特的原子論對此說明如下。

「平均而言，鉛內的原子比鐵更為密集。在鐵的內部，有些區域的原子分布得很緊密，有些區域則有很多空隙。所以雖然鐵內部的空隙比鉛還要多，鐵卻比鉛硬。鉛內部的原子為平均分布，整體而言空隙較少，但鉛不像鐵那樣『有些區域分布得較緊密』，所以鉛比鐵還要軟。」

原子論是現代化學的根本原理。因為存在放射性原子，所以「原子無法分割」為錯誤概念。然而，古希臘時代就有自然哲學家想像出原子論，這仍是件相當驚人的事。

「多才多藝的天才」亞里斯多德討厭原子論

亞里斯多德曾批評德謨克利特的原子論。

在德謨克利特死亡時，亞里斯多德僅為7、8歲的少年。亞里斯多德是柏拉圖的弟子，曾是開創大帝國的**亞歷山大大帝**於太子時期的家庭老師。亞歷山大大帝相當重視亞里斯多德，不吝給予他大筆資金做為學問研究費用。亞里斯多德在許多領域皆有著作，也有許多弟子。「亞里斯多德說的一定沒有錯」是當時學者們的共識。

針對原子論，亞里斯多德批評「不管是什麼東西，敲碎後都會變成粒子不是嗎？所以無法再切割的粒子不可能存在。真空也不可能存在。即使看似空無一物的空間，也充滿著某些東西」。當時的人們用「自然界討厭真空」來描述亞里斯多德的想法。

而亞里斯多德將構成萬物的根源材料「本原的本原」稱做第一物質。現實中的第一物質沒有特定外觀或形狀，第一物質加上乾、濕、冷、熱等四種性質後，可形成火、水、空氣、土等四種元素（本原），這些元素混合後，構成了現實中的世界。舉例來說，若為「本原的本原」附加熱與乾的性質，便會出現火。

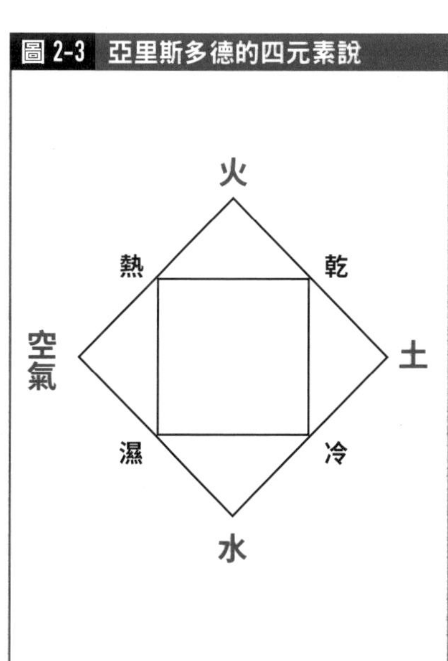

圖 2-3 亞里斯多德的四元素說

繁榮了 2000 年的鍊金術是化學的基礎

「元素可以互相轉換!」的信念支撐著鍊金術

在古代，從石塊（礦石）中，提煉出有光澤、且比木頭堅固的金屬，在一般人的眼中可以說是「神乎其技」。

運用冶金技術製造出金屬的技術專家，常被當成擁有神奇魔力的人而被眾人畏懼、尊敬。在化學變化仍充滿神秘感的古代社會中，自然也會有人認真覺得，鉛等卑金屬或許能轉變成黃金等貴金屬。

在這樣的背景下，**從古代到17世紀的近2000年間，鍊金術相當盛行**。

亞歷山卓的鍊金術

西元前331年，佔領埃及的亞歷山大大帝於尼羅河河口打造了都市亞歷山卓，做為該地區的首都。在這之後的2個世紀內，多采多姿的文化與傳統於亞歷山卓匯集、交流，成長成了世界上最大的都市。亞歷山卓也被稱做鍊金術的發祥地。

埃及擁有用於製作木乃伊的屍體防腐處理技術、染色技術、玻璃製造技術、彩釉陶器技術、冶金技術等。受希臘文化中亞里斯多德元素說的影響，許多人認為「若改變元素的熱、冷、乾、濕性質，便能轉換成其他元素，所以卑金屬也有可能轉變成黃金」。當時人類知道的單質物質，包括金屬中的金、銀、銅、鐵、錫、鉛、汞，非金屬則包括碳、硫。

在獲得黃金的欲望、治療疾病等動機的驅動下，西元後沒多久，亞歷山卓以外的地區，如南美洲、中美洲、中國、印度等地，也開始鑽研鍊金術。

鍊金術在伊斯蘭世界的發展

在7世紀，伊斯蘭教有了顯著的擴張，中東、中亞的大部分區域，以及中近東、非洲北部都在伊斯蘭教的控制下。一開始的伊斯蘭王國相當排斥非伊斯蘭世界的學問，不過在橫跨8～11世紀的伊斯蘭帝國第二世襲王朝，阿拔斯王朝誕生後，學問也在伊斯蘭世界開花。當時的掌權者們不只翻譯古希臘文獻，也將來自中國、印度的文獻翻譯成阿拉伯語。伊斯蘭帝國內外的學者都聚集到了阿拔斯王朝的首都巴格達，使數學、天文學、醫學、化學、動物學、地理學、鍊金術、占星術等研究持續發展。

伊斯蘭世界的鍊金術師吸收了古希臘的科學性知識、為鍊金術賦予靈魂意義的新柏拉圖派神祕主義、中國與印度的科學及鍊金術。伊斯蘭鍊金術中，常用到硫與汞。

「阿拉伯的鍊金術師」賈比爾・伊本・哈揚

760年左右出生於巴格達的**賈比爾・伊本・哈揚**認為，「所有金屬皆可由硫與汞製造出來，硫與汞的比例不同時，製造出來的金屬性質也不一樣」，並相信黃金有著完美比例，且鉛可以轉變成黃金。他認為「只要將鉛分解成硫與汞，去除雜質後精鍊，再調整硫與汞的比例，便可製造出黃金」。賈比爾提出了「賢者之石」這種特殊物質，並認為要將鉛轉變成黃金，需要用到賢者之石。

賈比爾在鍊金術上的研究，也為化學領域做出了很大的貢獻。雖然他沒能製造出黃金，仍整理出了許多與物質有關的新知識，提升玻璃器材的品質、金屬精鍊的精密度，以及染料、墨水的製造技術。此外，他曾混合鹽酸與硝酸，製造出王水。**鹽酸、硫酸、硝酸皆無法溶解黃金，但王水可以**。

鍊金術的工具

鍊金術中，會用到加熱熔化、加熱分解、加熱灰化、蒸餾、溶解、蒸發、過濾、結晶、昇華（物質由固態直接轉變成氣態）、汞齊化（金屬溶於汞中形成合金）等操作。這些操作需用到窯等加熱用爐，以及將空氣送入爐中的風箱。

加熱溶液與金屬需用到容器，鍊金術常用坩堝做為容器。爐、坩堝、玻璃在鍊金術以前的時代便已存在，進入鍊金術時代以後，會將沙混入黏土中，製成耐火性高的坩堝。另外，鍊金術師也製作出了燒杯、錐形瓶等多種玻璃容器。蒸餾器材為玻璃製或陶製，蒸餾時會使用名為曲頸甑的球狀玻璃容器，上方有一條很長的彎曲玻璃管往下伸出。加熱裝有液體的球狀部分，蒸氣會在管狀部分凝結，沿著玻璃管流動到其他容器，以收集欲萃取出來的物質。

圖 2-4 曲頸甑與亞歷山大時代的蒸餾器

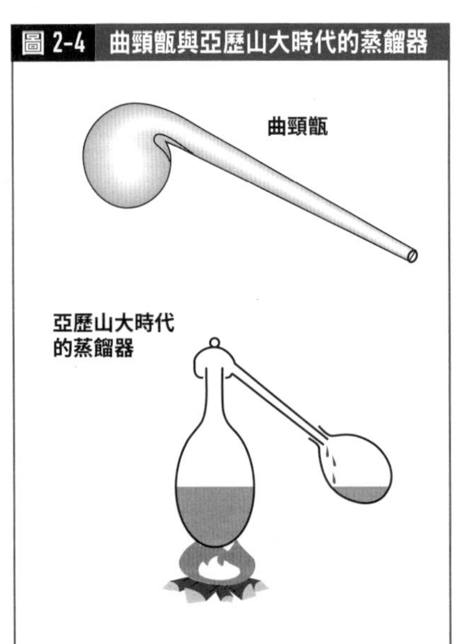

熱衷於製造「賢者之石」的文藝復興時期

從1096年開始的十字軍東征，成了伊斯蘭鍊金術傳至歐洲的契機。十字軍為了從伊斯蘭世界手中奪回或防衛基督教聖地，耶路薩冷，在200年內發動了7次遠征。於12～13世紀，伊斯蘭鍊金術各學派的書籍被翻譯成了拉丁語，古希臘文獻也從希臘語被翻譯成了拉丁語。

許多人認為，若要了解宇宙的運作機制，必須研究鍊金術。且鍊金術師們認為「只要使用『賢者之石』這種特殊物質，就可以將卑金屬轉變成黃金」，於是許多人紛紛投入黃金鍊成的研究。然而，雖然有不少人號稱曾將卑金屬成功轉變成黃金，但沒有人獲得普遍認可的成功。除了某些明顯是詐騙的例子之外，大部分號稱成功鍊出黃金的例子中只是製造出合金或鍍金而已。

順帶一提，傳說中的賢者之石不只能將金屬轉變成黃金。賢者之石內寄宿著礦物元素、金屬元素、靈魂元素，故可治好所有生物疾病，也被視為能維持身體健康的長生不老藥。鍊金術師們熱衷於研究長生不老藥，使鍊金術發展出了藥物製造技術。

鍊金術師的生活

16～17世紀的畫家**老彼得・布勒哲爾**（比利時）曾留下描繪鍊金術師工作室的畫作（參考第80頁圖2-5）。畫中精心描繪出散亂著各種工具的實驗室，以及許多熱衷於研究的人們。此時的人們已開始懷疑鍊金術的真實性。布勒哲爾的畫中，描繪出了鍊金術師的悲慘生活。混亂的實驗室，表現出了鍊金術師混亂的精神狀態。右窗下方的學者正在閱讀好幾本厚重的鍊金術書籍，暗示不管他們讀多少本鍊金術書籍，都是徒勞無功。左側的研究者正在用坩堝加

圖 2-5 《鍊金術師》彼得・布勒哲爾

熱、蒸餾實驗品。鍊金術師們戴著鍋狀帽、穿著到處破洞的破舊衣服，身材消瘦。正中間的女性為鍊金術師的妻子，正打開穀物袋，內部卻空無一物。旁邊的女性為助手，正用風箱吹入空氣助燃。窗戶左邊的孩子們在放置鍋爐的櫥櫃上找食物，卻只找到空無一物的料理用鍋。窗戶外，鍊金術師一家人牽著小孩的手來到濟貧院。最後，連賢者之石這個「把卑金屬轉變成黃金的第一步」都沒能做到，繁榮了數世紀的鍊金術就此衰退，近代化學也隨之誕生。

19世紀的化學家**尤斯圖斯・馮・李比希**曾說「要是沒有那麼多人熱衷於製造出賢者之石，化學就不會是現在的樣子了吧。因為，**為了證實賢者之石之類的東西不存在，人們詳細調查了地球上的所有物質」**。

「gas」一詞原本是指某種「像空氣的氣體」

與「空氣」不同的蒸氣

鍊金術師注意到，世界上存在某些帶有惡臭的空氣，與我們周圍的「空氣」不同。另外，香料與各種油類物質有它們的「蒸氣」。鍊金術師認為，這些蒸氣與空氣不同，稱其為「spirits」（精氣）。後來spirits這個字的使用頻率越來越頻繁，實驗室中常見的易蒸發液體，譬如**酒精**，也被稱做spirits。現在蒸餾酒之所以被稱做spirits，就是這個原因。

為「gas」（氣體）命名的比利時科學家范・海爾蒙特

海爾蒙特（1579～1644）在實驗中燃燒62kg的木頭後，留下1.1 kg的灰燼。產生的蒸氣乍看之下與空氣相同，但收集這些蒸氣，再將蠟燭放入後，火便熄滅了。也就是說，木材內有某種「像空氣的東西」，海爾蒙特將它命名為「木的spirits」。他認為「木的spirits」與葡萄酒、啤酒發酵時，以及酒精燃燒時產生的「像空氣的東西」是同一種物質。在接下來的實驗中，他發現空氣以外還有很多種「像空氣的東西」。他也是一名鍊金術師，便引用古希臘神話中，用於描述宇宙最初無秩序狀態的「chaos」（混沌），來稱呼這種「像空氣的東西」。在他生活的地方，發出子音時會有很強的喉音，使chaos聽起來像gaos，之後再轉變成了gas。

正確的燃燒理論確立後，掀起了「化學革命」

燃燒時會釋放燃素嗎？

18世紀初，德國的**格奧爾格・斯塔爾**（1659～1734）主張「**可燃物由灰燼與燃素（phlogiston）構成，物體燃燒時，會釋放出燃素**」。蠟燭、木炭、油、硫、金屬等可燃物質都含有燃素，燃燒時會釋放這些燃素。舉例來說，木炭燃燒後只剩下少許灰燼，表示木炭含有大量燃素。金屬燃燒後也會變成灰，所以他認為金屬也是由灰與燃素構成。

在18世紀末以前，燃素說佔有主導地位。燃素說認為，「可燃物質」去除「燃素」後會剩下「灰燼」。但**燃素說無法說明為什麼金屬燃燒成金屬灰後會變重**。為了說明這個現象，有人提出燃素可能為負質量。

圖 2-6 燃燒的燃素說

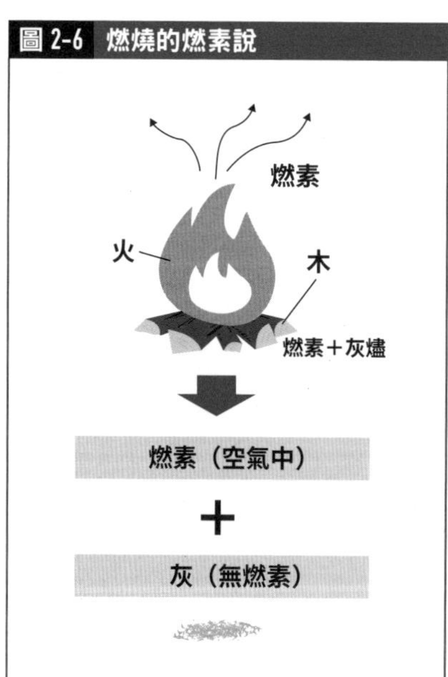

陸續發現二氧化碳、氮氣、氧氣、氫氣

二氧化碳的發現

18世紀中葉，英國蘇格蘭愛丁堡大學有位教授名為**約瑟夫．布拉克**（1728～1799）。布拉克建立了熱的物理學基礎。1756年，布拉克用天秤測量**草木灰（碳酸鉀）**、**石灰石（碳酸鈣）**在化學反應前後的重量，並發現這些固體內含有固定住的空氣（固定空氣）。

布拉克的化學家同事在著作的序中提到「空氣如此稀薄的物質，居然以堅硬石頭的狀態存在，且這些空氣會大幅改變石頭的性質，這種不可思議的事情是真的嗎？」。這裡說的堅硬石頭，指的是由碳酸鈣構成的石灰石或大理石，固定空氣則是指二氧化碳。

將**石灰水（氫氧化鈣水溶液）**倒入燒杯，暴露於空氣中，表面會形成一層白色薄膜狀物質。收集這些「薄膜狀物質」放入酸中，會像石灰石一樣產生氣泡並溶解，由此可知這些物質與石灰石為相同物質。現在學校的教科書會提到，要確認氣體是否為二氧化碳時，可將氣體通入澄清石灰水中，若產生白色沉澱（白色混濁），那麼該氣體就是二氧化碳。布拉克並沒有收集這些固定空氣來研究，不過在十多年後，英國的亨利．卡文迪許（1731～1810）用**排水集氣法**收集了這些氣體，測量其密度。

氮氣的發現

1772年，英國的**丹尼爾．盧瑟福**（1749～1819）發現，呼吸或燃燒消耗掉一般空氣中的某些氣體後，留下來的氣體為不可燃。動物無法生存在這些氣體中，便將其命名為「**毒空氣**」，這就是**氮氣**。

氧氣的發現

1774年，英國的**約瑟夫・普利斯特里**（1733～1804）出版了《幾種空氣的實驗與觀察》這本書。

普利斯特里並非使用**排水集氣法**收集各種氣體，而是用排汞集氣法收集並做研究。某些易溶於水而無法用排水集氣法收集的氣體，可用排汞集氣法來收集。普利斯特里便藉此研究了**氯化氫氣體**（溶於水中會變成鹽酸）與**氨氣**的性質。

他最大的發現毫無疑問的是**氧氣**。將金屬**汞**放在盤子上加熱後會緩緩蒸發，並於表面形成一層紅色或黃色的膜，為**汞灰**。汞灰形成後，若再加熱到更高的溫度，會再變回汞。**普利斯特里便從汞灰中分離出氧氣**。

首先，將裝有汞與汞灰的試管，倒插入裝有汞的容器。汞灰比汞輕，所以會飄在試管液面頂端。接著再用大型凸透鏡聚集陽光，加熱試管液面頂端的汞灰。

於是，汞灰產生的氣體就會聚集在試管頂端。普利斯特里取出這些氣體，再將燃燒中的蠟燭放入，此時蠟燭燃燒得更為劇烈，釋放出強光。那天是1774年8月1日。若將小鼠放入這種氣體內，會變得很活潑好動。普利斯特里將這種氣體命名為「**去燃素空氣**」。

事實上，在普利斯特里實驗的一年前，瑞典化學家**卡爾・舍勒**（1742～1786）也從汞灰中發現了相同氣體，並將其命名為「火之空氣」。雖然舍勒比普利斯特里還要早發現氧氣，但因為印刷廠的疏失，使普利斯特里的研究成果搶先發表了出來。

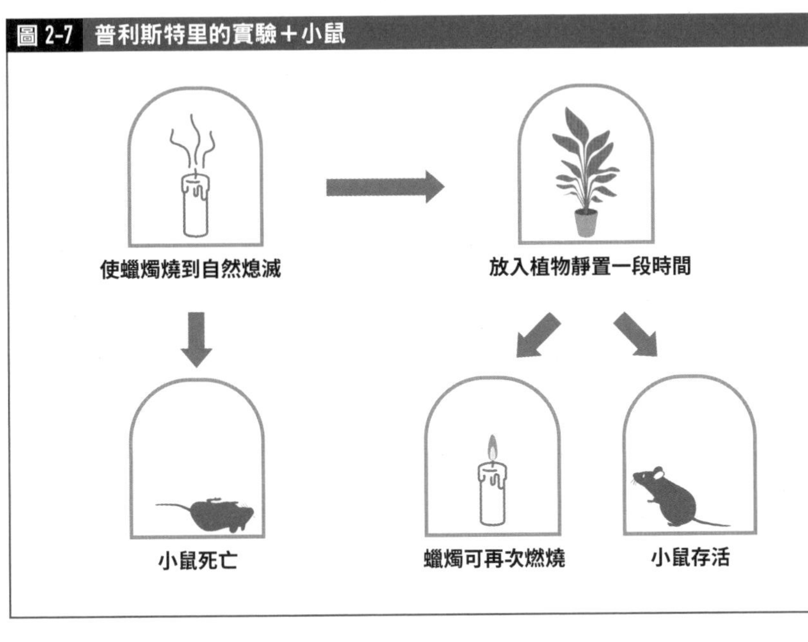

無論名字是「去燃素空氣」還是「火之空氣」，顯然都受到了波以耳的火粒子說與燃素說的影響。

發現了可能是燃素的氣體

1776年，英國化學家**卡文迪許**使金屬與稀硫酸反應，研究金屬內含有的「空氣」。

反應產生的氣體無法溶解於水與鹼性溶液，可在大氣中燃燒。若將該氣體與空氣混合點火，會爆炸並生成水。

接著他測量這種氣體的密度，希望能辨識出這種氣體，卻發現這種氣體非常輕。

他將這種氣體命名為「可燃空氣」。這種氣體很輕，又可燃，所以曾有人認為這種氣體就是燃素，或是由燃素與空氣結合而成的物質。到了1783年，因為這種氣體會「產生水」，所以依水的希臘語將其命名為hydrogen，直譯為水素，即中文的氫氣。

打倒燃素說的拉瓦節化學革命

被譽為「化學革命之父」的**安托萬・拉瓦節**（1743～1794）將約瑟夫・普利斯特里實驗得到的「去燃素空氣」、卡爾・舍勒實驗得到的「火之空氣」命名為**「氧氣」**，並發表了**「燃燒為可燃物與氧氣之結合」的燃燒理論，並主張「元素為無法再以化學方式進一步分解的基本成分」，發表了有33個元素的元素表，確立了新的元素觀**。

29歲時，拉瓦節進行了**「鵜鶘實驗」**。

拉瓦節為了做實驗，請玻璃工人製作形狀奇怪的玻璃瓶，並稱這種玻璃瓶為「鵜鶘容器」（pelican）。將水放在玻璃製或陶製器皿內長時間加熱後，會產生白色鬆散狀的沉澱，待水完全蒸發後，會留下白色粉末，所以當時許多學者相信「水加熱後會變成土」。

圖2-8 形狀奇怪的玻璃瓶「鵜鶘容器」

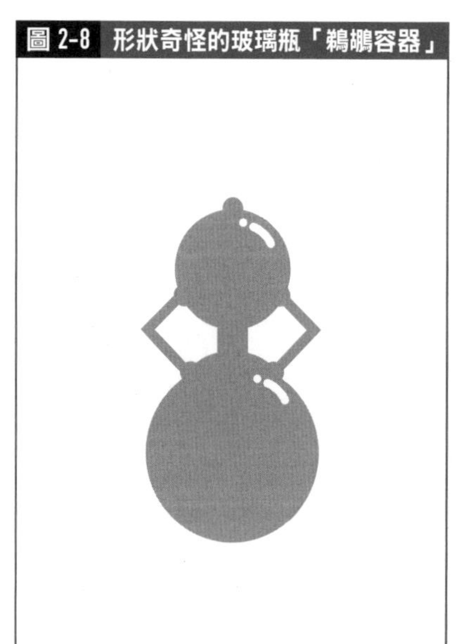

為了確認這點，拉瓦節將純水蒸餾多次，再放入鵜鶘容器內加熱101天，使其持續沸騰。

實驗產生了大量沉澱物。待其冷卻後過濾出沉澱物，再待其乾燥後秤量沉澱物的總重量。

部分濾紙上的水可能會轉變成土，於是拉瓦節待水蒸發後，測量濾紙上沉澱物的重量。鵜鶘容器完全乾燥後，也測量其重量。

結果發現，（留在濾紙上的沉澱物）＋（從熱水中過濾的沉澱物）的重量，等於（鵜鶘容器減輕部分）的重量。也就是說，拉瓦節確認到「**水並不會變成土，而是瓶子的玻璃溶於水中再沉澱**」。就這樣，拉瓦節運用高精密度的天秤，細究重量的變化，親身建立化學變化的研究方法。

燃燒理論的確立，推翻了燃素說

羅伯特．波以耳說「曲頸甑內的金屬錫在灰化後會變重，是因為火之微粒子穿過了玻璃，飛入曲頸甑內，與錫結合」。拉瓦節重複了波以耳的實驗。拉瓦節封住裝有錫的曲頸甑瓶口並秤重，接著用凸透鏡加熱錫，使其化成灰，冷卻後再秤量整體重量，發現重量沒有改變，所以拉瓦節認為**錫灰之所以比錫還要重，是因為錫吸收了曲頸甑內的空氣**。

另外，拉瓦節把磷放在汞液面的盤子上，點燃磷作實驗。磷燃燒後會變成白色粉末，重量增加。燃燒完畢後，空氣會減少約五分之一，且燃燒後的空氣無法再燃燒。

1774年10月的某天，普利斯特里從英國來到巴黎。在歡迎宴上，普利斯特里提到了「去燃素空氣」的話題，拉瓦節聽了之後想到，這或許就是加熱金屬或磷時，重量增加的原因，於是他組裝了以下實驗裝置。

拉瓦節在曲頸甑內裝入汞與空氣，並夜以繼日地持續加熱曲頸甑。多日後，秤量鐘狀玻璃容器內的空氣體積、汞灰重量。再加熱汞灰，測量生成氣體（普利斯特里提到的去燃素空氣）的體積。於

圖 2-9 拉瓦節的實驗裝置

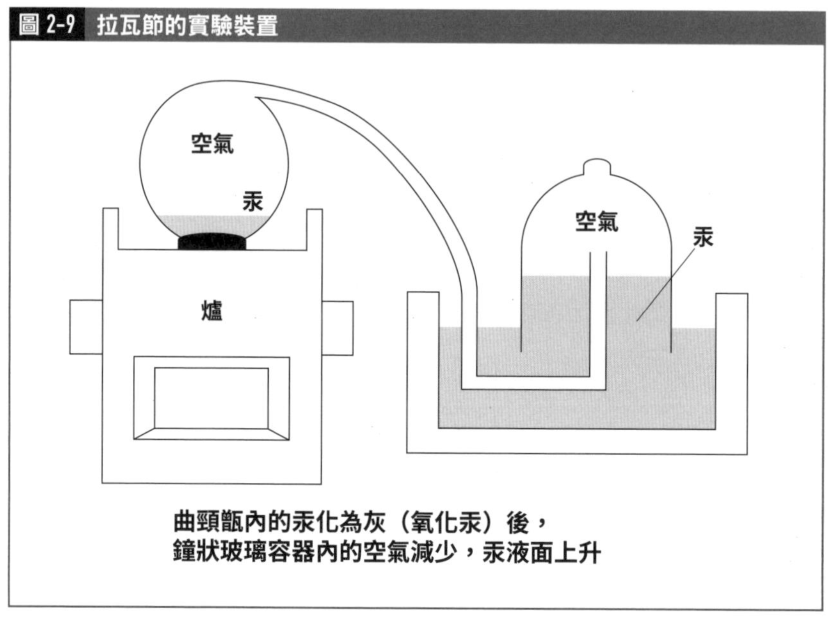

曲頸甑內的汞化為灰（氧化汞）後，
鐘狀玻璃容器內的空氣減少，汞液面上升

是他發現，生成汞灰時吸收的空氣體積，與汞灰加熱變回汞時釋放的氣體體積相同。看到這個結果，拉瓦節認為「**空氣中有某種氣體A，可使物質燃燒，使金屬變成灰；還有另一種與燃燒無關的氣體B**」、「**燃燒時，可燃物質會與氣體A結合形成新的物質**」。所以拉瓦節認為，不需要考慮燃素的存在。碳、硫、磷燃燒後分別會得到二氧化碳（碳酸氣）、二氧化硫（亞硫酸氣）、十氧化四磷（與水混合加熱後可得到磷酸）等酸性物質，可以知道氣體A是**「可生成酸的物質」**，於是拉瓦節將氣體A**以希臘語命名為酸素**，即中文的氧。後來發現，**鹽酸（氯化氫水溶液）不含氧，可生成酸的物質，其實是氫**。

元素的定義與系統性命名

拉瓦節主張，**元素為「無法再以化學方式分解的基本成分」**。拉瓦節預言，隨著分析技術的進步，許多過去無法分解，被認為是元素的物質，有朝一日將被證明是化合物。另一方面，拉瓦節認為卡文迪許發現的「可燃空氣」必定為單質物質。「可燃空氣」與氧結合會變成水。**水（水蒸氣）通過熱鐵管時會產生氫氣，而這個氫氣無法再形成其他物質**。因此**「可燃空氣」就是「可生成水的元素」，並稱其為氫**。

拉瓦節在1789年的著作《化學基本講義——以最新發現為基礎的新系統》（也叫做《化學基本論述》）中提到的**33種元素中，包括「氧化鎂」、「石灰」在內的8種物質，後來都被證明是化合物**。該書內的元素表中，完全不是元素者包括「熱」（caloric）與「光」。拉瓦節認為，「熱」元素是沒有重量的元素，會表現出液態或氣態般的行為。後來的物理學家們陸續證明了熱與光不是元素。

就像將氧命名為酸素，將氫命名為水素一樣，拉瓦節會依照化學性質，為新元素命名。如果是化合物，拉瓦節會將組成元素之名稱排列組合，得到該化合物的名稱。譬如「臭氣」由硫與氫組成，故命名為「**硫化氫氣體**」。

法國大革命進行中的1794年5月8日，拉瓦節在革命法庭的審判中，被判有「對法國人民懷有陰謀」之罪而宣告死刑，並在當日被送上斷頭台，享年50歲。拉瓦節之所以被判死刑，是因為他是稅務官，代理國家的稅務徵收工作。

拉瓦節的化學革命與道爾頓的原子論

在小小學校中擔任老師與家庭教師的約翰・道爾頓

學校教科書中，談到原子時必定會提到英國的科學家**約翰・道爾頓**（1766～1844）。出生於貧困農家的道爾頓，為了幫助家計，12歲時便在學校擔任教師。但工作日漸繁重，於是道爾頓辭去工作，做起了孩子們的科學與數學家庭老師，以維持生計。討厭享受，過著樸實生活的道爾頓，每天按表操課、生活規律，附近的人們甚至會以他經過門前的時間為校正時鐘的標準。

從氣象研究到原子論

道爾頓曾自行製作氣象觀測器材，在56年間每天觀測氣壓與氣溫並記錄，直到死亡的前一刻。由氣象觀測的結果推導，道爾頓認為大氣為氣體。

對當時的科學界而言，「為什麼密度不同的氧氣與氮氣，在不同高度下仍有相同的混合比例？」是個很大的謎團。道爾頓在讀過牛頓的《自然哲學的數學原理》後，從原子的角度嘗試說明了這個謎團。他認為「氣體為微粒子，即所謂的原子。這些微粒子互相靠近時，會反彈開來」。

在做了許多實驗與研究後，道爾頓想到「氧與氮的原子大小、重量會不會不一樣呢？」。於是他接著思考「若最輕的氣體，氫氣的氫原子重量為1，氧氣與氮氣的重量分別會是氫原子的多少倍？」。也就是現在「**原子量**」的概念。

道爾頓的前提是「**構成任一種物質的原子，重量與形狀完全相同」**。氫與氧化合成水時，用到的氫與氧重量比例約為1比8。當時道爾頓並不曉得水是由幾個氫、幾個氧構成，先假設原子數的比為1比1。這表示，若氫原子重量為1，那麼氧原子的重量應為8。也就是說，氫的原子量為1，氧的原子量為8。

事實上，氫的原子量為1，氧的原子量為16，道爾頓的想法有誤。這是因為道爾頓的計算建立在最單純的假設上（若兩個元素結合成一個化合物，那麼結合時的原子數比例為1比1）。

1803年9月6日，道爾頓在筆記本上寫下了世界第一份原子量表。恰巧這天也是道爾頓的生日。後來，道爾頓還曾以口頭方式、論文方式發表研究結果，並將化學相關內容整理成了《化學的新系統》（共2本，第一本於1808年出版）。該著作中，花了10頁描述原子量。

發表原子量時的反應與對未來的貢獻

最後，道爾頓仍沒有求出原子量表內提到的原子量正確數值。因為他以最單純性原理為基礎計算原子量。

雖然道爾頓沒能計算出正確的原子量，但道爾頓對原子量的研究，在化學研究史上仍佔有重要地位，並成為了未來研究原子量的契機，這是道爾頓的重要貢獻。道爾頓提出的原子論，成為了未來化學發展的基礎。

亞佛加厥定律與分子的概念

「氧氣與氫氣分子為O、H？還是O_2、H_2？水分子是HO嗎？

還是H_2O呢？」這些問題長年以來困擾著化學家們。要是沒有解決這些問題，就無法確定原子量的正確數值。

現在我們已知氧氣、氫氣、水分子分別是O_2、H_2、H_2O，但從意識到這個問題，到解決這個問題，化學家們花了近半個世紀。

1811年，道爾頓發表了原子量定義方式的3年後，義大利人**亞佛加厥**（1776～1856）發表了**「不論是哪種氣體，在相同溫度、壓力下，同體積的氣體皆含有相同數目的分子」**，即所謂的「亞佛加厥定律」。另外，亞佛加厥假設**「氫氣、氧氣等氣體是由2個原子結合而成的分子」**。若氫氣氣體分子由2個氫原子組成，氧氣氣體分子由2個氧原子組成，那麼當氫原子的原子量為1時，氧原子的原子量就會是16。

圖 2-10 亞佛加厥定律

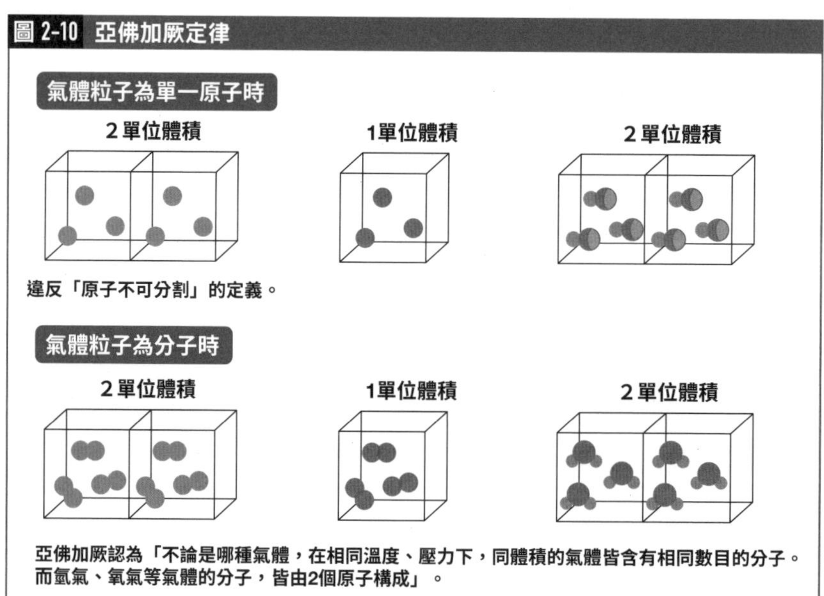

亞佛加厥認為「不論是哪種氣體，在相同溫度、壓力下，同體積的氣體皆含有相同數目的分子。而氫氣、氧氣等氣體的分子，皆由2個原子構成」。

「物質界的地圖」元素週期表的誕生

現在定義碳12的原子量為12

在還不確定原子是否存在的時代，科學家們會憑著自身想像力與實驗結果，推測、計算所謂的**原子重量（質量）**。

方法是以某種原子做為重量的標準，評估其他原子的重量是多少（是標準原子的多少倍），即計算原子的相對質量。

這種**原子的相對質量，叫做「原子量」**。一開始科學家們以最輕的氫原子做為標準原子，質量為1；氧原子則是16。1961年以後，定義「質量數（＝質子數＋中子數）12之碳原子的質量為12」。因此，各原子的原子量為「1個原子的質量 ÷ 1個碳12的質量 × 12」。

陸續發現新元素

進入19世紀後，科學家們利用伏打電池電解與光譜分析等方法，陸續發現許多新的元素。而這個尋找新元素的旅程，在週期表登場時達到最高潮。元素增加後，科學家們發現**將元素依質量排序，會週期性出現相似性質，於是科學家們便依此將週期表系統化**。

英國化學家**漢弗里・戴維**（1778～1829）發現了**鈉**、**鉀**、**鍶**、**鈣**、**鎂**、**鋇**、**硼**等新元素。他在1807年，用250枚金屬板製作出史上最強的電池，嘗試電解**氫氧化鉀**、**氫氧化鈉**等拉瓦節認為

「無法進一步分解的元素」。一開始，戴維電解的是它們的水溶液，卻只有水被分解。後來他把水去除掉，直接電解加熱後呈熔融態的氫氧化鉀與氫氧化鈉，得到金屬鉀與金屬鈉的小球。

戴維發現的鈉與鉀有很強的還原力，可用於提取出化合物中的金屬，是當時發現未知金屬的強力手段。

1825年，丹麥物理學家**奧斯特**成功分離出鋁。1827年，德國化學家**弗里德里希・維勒**（1800～1882）萃取出比奧斯特更純的鋁。

他們的方法如下，**將氯化鋁與鉀混合加熱，鉀會搶走氯化鋁的氯，形成氯化鉀，並得到金屬鋁**。

嘗試整理元素

在拉瓦節之後，科學家們陸續發現新的元素。

到了俄羅斯的化學家**德米特里・門得列夫**（1834～1907）發表「**元素週期表**」的1869年，科學家們共發現了63種元素。

發現了多種元素後，化學家們開始產生「元素間是否存在某些關係？」的疑問，並嘗試整理、分類各種元素。

在門得列夫之前，化學家們已知鹵素、鹼金屬、鉑族等性質相似的元素族群，並將化學性質相似的元素分為三個三個一組，共有「氯、溴、碘」、「鈣、鍶、鋇」、「硫、硒、碲」等三組。另外還將元素依原子量順序排成七行，參考音樂的「八度規則」（8度音階），主張「不管把哪個元素當成第一個元素，往下數到第八個元素時，這個元素會與第一個元素相似」，即所謂的「**八度定律**」。

在聖彼得堡大學教授化學，撰寫課程用教科書的門得列夫，對於元素的系統化理論相當有興趣，且他認為**原子量是重要關鍵**。

首先，門得列夫將氮族、氧 族、鹵素的元素依原子量順序排列。接著在一張卡片中寫上一個元素的原子量、名稱、化學性質，並依原子量由小到大，將卡片由左往右排列，原子價相同的元素則縱向排成一縱行，最後得到一張有數個橫列的表。這就是週期表最初的樣子。門得列夫在1871年時將這張表投稿到德國李比希編輯的《化學年報》，並刊載了出來。

門得列夫在週期表上預留了多個空位給「**未來可能會發現的新元素**」，並說明了其中三個元素的性質。

這三個空格分別位於硼、鋁、矽等元素的下方。門得列夫以梵文中的「eka」（意為「1」）做為前綴詞，分別將這三種元素命名為「ekasilion」、「ekaaluminium」、「ekaboron」。

到了1875年，科學家以光譜分析法發現新元素，命名為鎵。門得列夫主張鎵就是他預言的ekaaluminium，並主張發現者測定的元素密度數值有誤。事實上，鎵的性質確實與門得列夫預測的ekaaluminium一致，在發現者重新測量密度後，也與門得列夫預測的數值接近。在這之後，鈧、鍺陸續被發現，它們的性質與門得列夫預言的ekaboron、ekasilion幾乎相同。

現在的週期表**並非以原子量順序排列，而是以原子序（原子的原子核內質子數）排列，共有118種元素**。其中，原子序93以後的元素皆為人造元素。

門得列夫發表週期表時，化學家們並沒有注意到這張表。不過在門得列夫的預言紛紛命中之後，週期表終於獲得一般性的認同，成為了探索新元素與研究元素間關係的「地圖」。

發現惰性氣體元素

然而，門得列夫的週期表完全沒有列入惰性氣體。惰性氣體的發現始於1894年，英國科學家**威廉・拉姆齊**（1852～1916）與**瑞**

立（約翰．斯特拉特，1842～1919）發現了氬。

瑞立發現，從大氣中分離出來的氮氣，密度比從含氮化合物中分離出來的氮氣還要大。於是他猜想，「大氣中是不是含有新元素呢？」，於是在拉姆齊的幫助下，反覆做了多次實驗，發現空氣中約含有百分之一的氬氣。氬氣在空氣中的體積佔比為第三名，僅次於氮氣、氧氣。後來拉姆齊也從空氣中發現了氖、氪、氙。

過去的科學家曾以光譜法分析日全蝕時的日冕，發現氦的存在。拉姆齊則從地球上就有的鈾礦中，成功分離出氦。空氣中含有大量的氬氣，人們卻一直沒有發現氬的存在。這是因為氬不會與其他元素反應（＝化學活性低），就像不存在一樣。所以他們以希臘語的「ἀργός」（懶惰的東西）為氬命名為argon。

最後一個發現的惰性氣體是氡，為居禮夫婦於1900年發現。

1904年，瑞立以「氣體密度相關研究，以及氬的發現」獲得了諾貝爾物理學獎，拉姆齊則以「發現了空氣中的惰性氣體，並依週期規律確定其在週期表上的位置」獲得了諾貝爾化學獎。

這些惰性氣體被排在週期表的最右端。後來的科學家們發現，惰性氣體的化學活性極低，並確認了惰性氣體元素的電子組態。

第 3 章

化學的「導航地圖」——週期表

第 3 章概覽

前一章中，我們從化學的起源，一直談到了19世紀門得列夫發表週期表。

進入20世紀後，科學家們發現原子由更小的粒子構成。

本章將運用週期表，說明**電子**這種比原子更微小的粒子，進入更微小的世界。

首先，原子由位於中心的**原子核（質子＋中子）**，以及周圍的電子構成。

原子內的電子分布於原子核周圍的**電子殼層**，在電子殼層內運動。這些電子殼層依照與原子核的距離由近而遠，依序為K層、L層、M層、N層……。

電子於電子殼層內的分布情況稱做**電子組態**。含電子之最外側電子殼層，稱做**價電子（最外層電子）**。最外層電子在原子與原子結合時扮演著重要角色。

化學變化會改變原子的排列組合。不過化學變化僅涉及電子，不及於原子核。譬如最外層電子的得失、共享等。

此時原子與原子間的結合，稱做**化學鍵**。

化學鍵可分為**離子鍵、共價鍵、金屬鍵**等三種。

除了惰性氣體之外，幾乎所有物質中，原子與原子間都會以化學鍵相連。

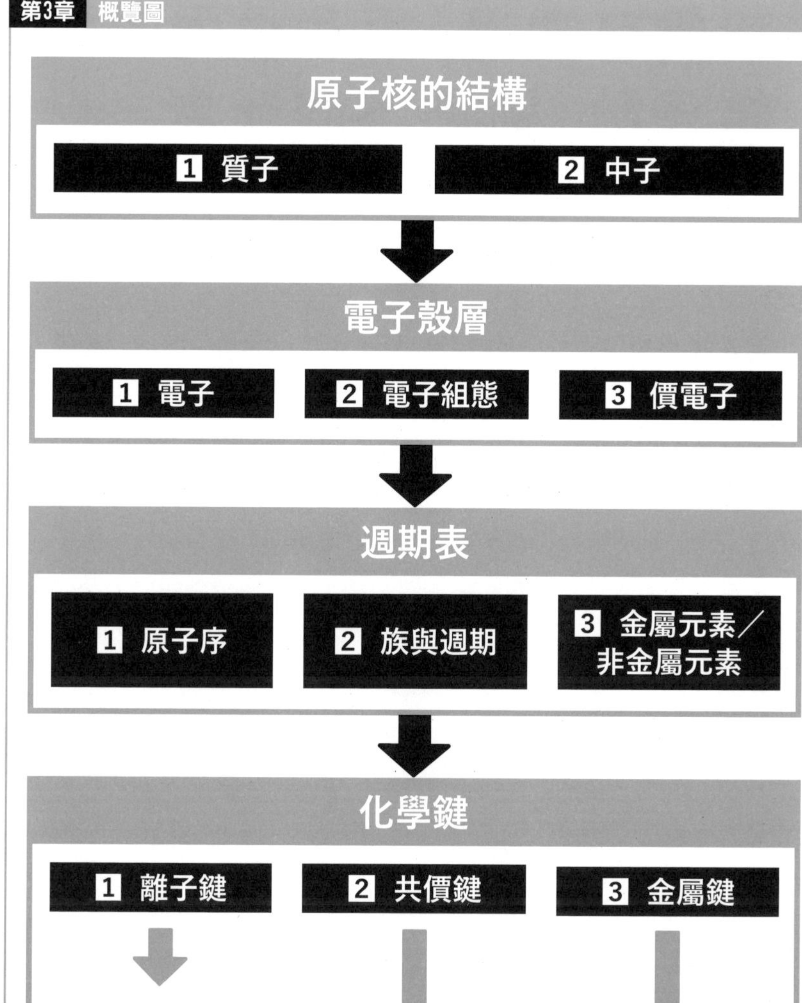
原子核的結構
1 質子
2 中子
電子殼層
1 電子
2 電子組態
3 價電子
週期表
1 原子序
2 族與週期
3 金屬元素／非金屬元素
化學鍵
1 離子鍵
2 共價鍵
3 金屬鍵
1 陽離子
2 陰離子
3 離子化傾向
1 電子對
2 不成對電子
1 自由電子
2 金屬結晶

我們可透過「原子核內的質子數」區別不同元素

原子內部

進入20世紀後，科學家們發現原子由更小的粒子構成。**原子由位於中心的原子核，以及周圍的電子構成。原子核的質量幾乎佔了整個原子（99.9%以上），由帶正電荷的質子，以及不帶電荷的中子構成**。質子與中子的質量幾乎相同。電子質量為質子質量的約1840分之1。電子電荷與質子電荷的絕對值相同，正負相反。原子核內的質子數與原子核周圍的電子數相等，所以原子整體而言不帶電荷。

氫原子是最小的原子，原子核僅1個質子，周圍僅1個電子。其他原子的原子核皆同時含有質子與中子。1個氫原子的質量幾乎與1個質子相同，但原子核的體積只佔原子的一小部分。如果把氫原子放大成直徑20 m的球，那麼原子核直徑只有1 mm左右。可見原子內是一大片空蕩蕩的空間。

原子序與質量數

不同的元素，原子核內的質子數也不一樣，元素的質子數就是**原子序**。原子的電子數與質子數相等，所以**電子數也等於原子序**。原子質量由原子核內的質子數與中子數決定。1個質子的質量（＝1個中子的質量）約為1840個電子的質量，所以電子質量可直接無視。原子核內的質子數與中子數的和，為該原子的**質量數**。

圖 3-1 原子的模型與結構

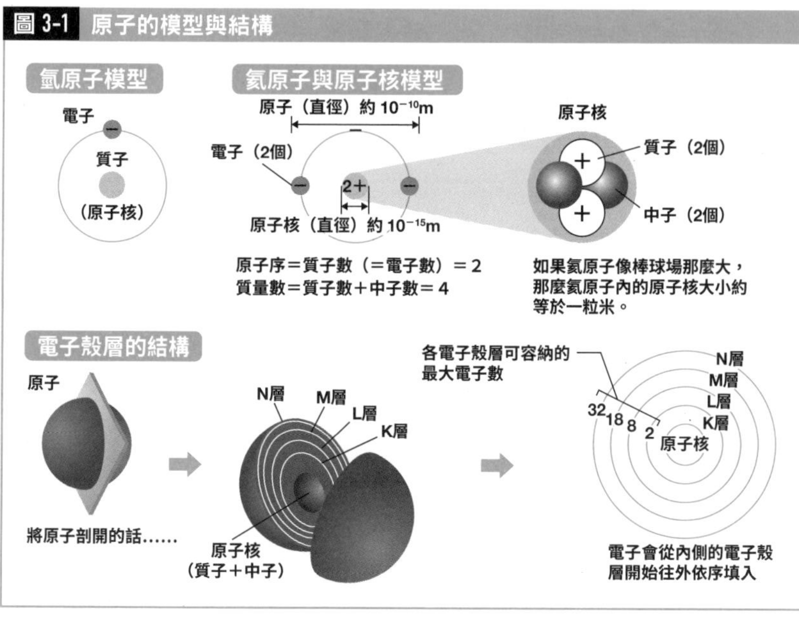

電子殼層與電子組態

原子內的電子會在原子核周圍的層狀結構內運動。這些層狀結構稱做**電子殼層**，從原子核算起由內往外依序為**K層**、**L層**、**M層**、**N層**……。

每個電子殼層最多可容納的電子數為固定值，K、L、M、N依序可容納2、8、18、32個電子。

原子的電子數與原子序相同，這些電子會從最內側的電子殼層開始依序填入。

電子在電子殼層內的分布情況稱做**電子組態**，含電子的最外側電子殼層稱做**最外層**。最外層的電子稱做**價電子**，在原子與原子結合時扮演著重要角色。最外層電子（價電子）可能會在不同原子間來去，或者由多個原子共用，幫助不同原子間的結合。

原子的電子組態會傾向往惰性氣體靠攏

惰性氣體元素原子的電子組態

週期表中的第18族，惰性氣體，為化學上十分穩定的物質，不易與其他元素形成化合物。

關於惰性氣體元素原子的電子組態，He有2個最外層電子，Ne、Ar、Kr等元素皆有8個最外層電子。Ar的電子在填滿K層（可容納2個）、L層（可容納8個）後，會繼續填入M層（可容納18個），這些電子殼層的穩定性各不相同，而當M層填入8個電子時，狀態非常穩定。Kr在填滿K層、L層、M層後，會繼續填入N層（可容納32個），當N層填入8個電子時，狀態非常穩定。對於惰性氣體以外的元素而言，若原子的電子組態像He或Ne一樣，將最外層填滿；或者像Ar或Kr一樣，最外層有8個電子，那麼該原子的狀態會非常穩定，不易與其他原子結合。**最外層有8個電子的狀態十分穩定，所以其他原子的電子組態會傾向往惰性氣體靠攏**。

第三週期以前的原子的電子組態

週期表中每個橫列為一個**週期**，每個縱行為一個**族**。第1族、第2族、第13～18族為**典型元素**，其餘元素則稱做**過渡元素**。

典型元素中，第1族與第2族元素的最外層電子數與族編號相同。第13～18族元素的最外層電子數與族編號的個位數相同（譬如第14族元素有4個價電子）。

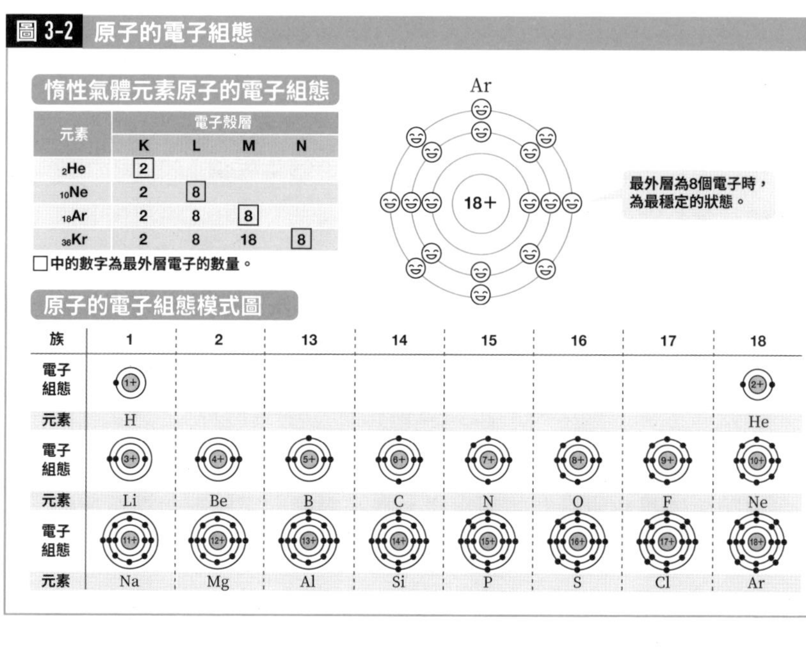
圖 3-2 原子的電子組態

惰性氣體元素原子的電子組態

元素	電子殼層 K	L	M	N
$_{2}He$	2			
$_{10}Ne$	2	8		
$_{18}Ar$	2	8	8	
$_{36}Kr$	2	8	18	8

□中的數字為最外層電子的數量。
Ar
18＋
最外層為8個電子時，
為最穩定的狀態。
原子的電子組態模式圖

族	1	2	13	14	15	16	17	18
電子組態	1+							2+
元素	H							He
電子組態	3+	4+	5+	6+	7+	8+	9+	10+
元素	Li	Be	B	C	N	O	F	Ne
電子組態	11+	12+	13+	14+	15+	16+	17+	18+
元素	Na	Mg	Al	Si	P	S	Cl	Ar

典型元素中，同一縱行或同族的原子，最外層電子數目相同。這可以說明為什麼**同族元素有相似的化學性質**。

另外，**第1族、第2族元素中，位於週期表越下方的元素，最外層電子離原子核越遠，越不易受原子核影響，容易離開原子**。因此，**越下方的原子，失去電子的反應越劇烈**。

第16族、第17族元素中，位於週期表越上方的元素，最外層原子離原子核越近，越容易受到原子核的影響，所以最外層越容易獲得來自其他原子的電子。

第 1 族的鹼金屬會形成 1 價陽離子

在你嘗試記住第三週期以前之原子的電子組態時，可以先試著理解原子轉變成離子時的情況。第1族（除了氫H之外）元素也叫做**鹼金屬**。第三週期以前的鹼金屬包括**鋰**與**鈉**，兩者皆為銀色金屬，置於空氣中時，會與氧及水反應。鋰與鈉需存放在煤油內保存，以避免與空氣接觸。

鋰與鈉皆只有1個最外層電子。若鋰與鈉失去這1個電子，電子組態就會分別與氦及氖相同，變得非常穩定。因此，只要周圍原子的最外層能接受電子，鋰與鈉的最外層就會釋出1個電子。

失去1個電子後，鋰與鈉原子核的質子數仍為3個與11個，電子則會變成2個與10個。質子帶有1個正電荷，電子帶有1個負電荷。失去電子前，鋰與鈉的正負電荷相等，淨電荷為0。失去1個電子後，原子核會多出相當於1個質子的電荷，就是所謂的離子。

電荷指的是物質帶有的靜電量。離子為帶有正電荷或負電荷的原子或原子團。若原子失去帶有負電荷的電子，那麼該原子的正電荷數會大於負電荷數，使該原子變成陽離子；相對的，若原子獲得電子，那麼該原子的正電荷數會小於負電荷數，使該原子變成陰離子。

圖 3-3 鋰離子與鈉離子

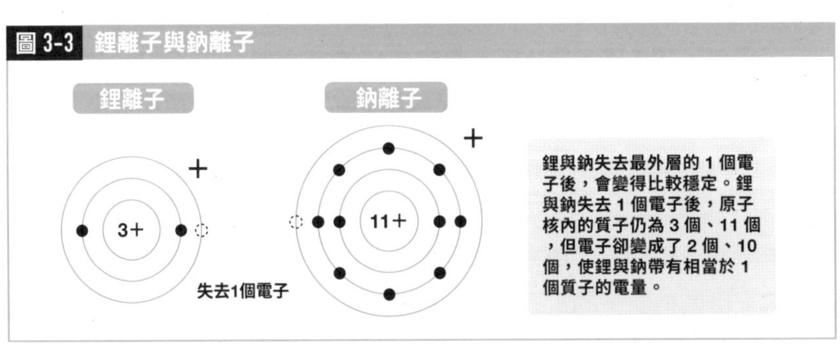

鋰離子
鈉離子
3+
+
失去1個電子
11+
+
鋰與鈉失去最外層的 1 個電子後，會變得比較穩定。鋰與鈉失去 1 個電子後，原子核內的質子仍為 3 個、11 個，但電子卻變成了 2 個、10 個，使鋰與鈉帶有相當於 1 個質子的電量。

鹼金屬是活性很高，且很輕的金屬，易形成1價陽離子。同一縱行，即同一族的元素中，越下方的元素，最外層電子離原子核越遠，故越容易失去電子、活性越高。放入水中時，鋰會與水反應，慢慢生成氫氣，並轉變成**氫氧化鋰 LiOH**。鈉若切成米粒大小放入

水中，會在水面上漂浮移動，生成氫氣，並轉變成氫氧化鈉NaOH。若將鈉放在潮濕的紙上，產生氫氣後點火，會燒起黃色火焰。若將大塊鈉放入水中，會爆炸產生水柱。鈉下方的鉀若切成米粒大小放入水中，會燒起紫色火焰，並在水面上漂浮移動，轉變成氫氧化鉀KOH。

第17族的鹵素為1價陰離子

第三週期以前的第17族元素，包括氟與氯。

氯原子最外層有7個電子，若再獲得1個電子，電子組態便與氬相同，狀態較穩定。此時，原子核有17個質子，卻有18個電子，故原子帶有的電荷與1個電子相同，為1價陰離子，叫做氯離子 Cl^-。

圖3-4 氯離子

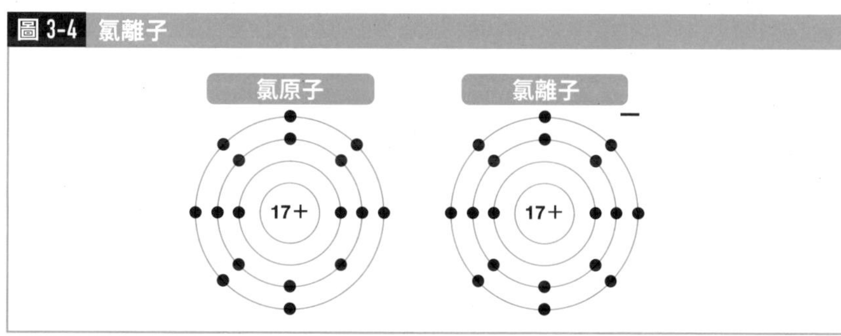

氯氣為**四處飛舞的氯分子，氯分子由2個氯原子結合而成**。氯系漂白劑的氣味來自氯氣的味道。氯氣是最早用於製作毒氣兵器的氣體。

氟的單質造成許多研究氟的化學家死亡，而有化學家殺手之稱。氟氣亦為四處飛舞的氟分子，氟分子也是由2個氟原子結合而成。**最外層離原子核越近，該原子越容易獲得電子**。氟氣 F_2 非常容易轉變成陰離子F^-。

鹵素中的氟、氯、溴、碘單質皆為由2個原子結合而成的分子。轉變成陰離子的容易程度為氟＞氯＞溴＞碘。原子、分子的大小則是氟＜氯＜溴＜碘。**分子越大（越重），分子間的吸引力就越大**，所以室溫下氟與氯為氣態、溴為液態、碘為固態。

第 2 族的鎂與第 16 族的氧

第2族為鹼土金屬（有時會將鈹、鎂排除在外），皆為銀色金屬。鎂原子若失去最外層的2個電子，會轉變成鎂離子Mg^{2+}，為2價陽離子。

第16族的氧會形成由2原子構成的氧分子。**氧分子的活性高，可與其他元素形成氧化物**。氧原子的電子組態中，最外層有6個電子，若再獲得2個電子，可形成氧離子O^{2-}，為2價陰離子。

圖 3-5 鎂離子、氧離子

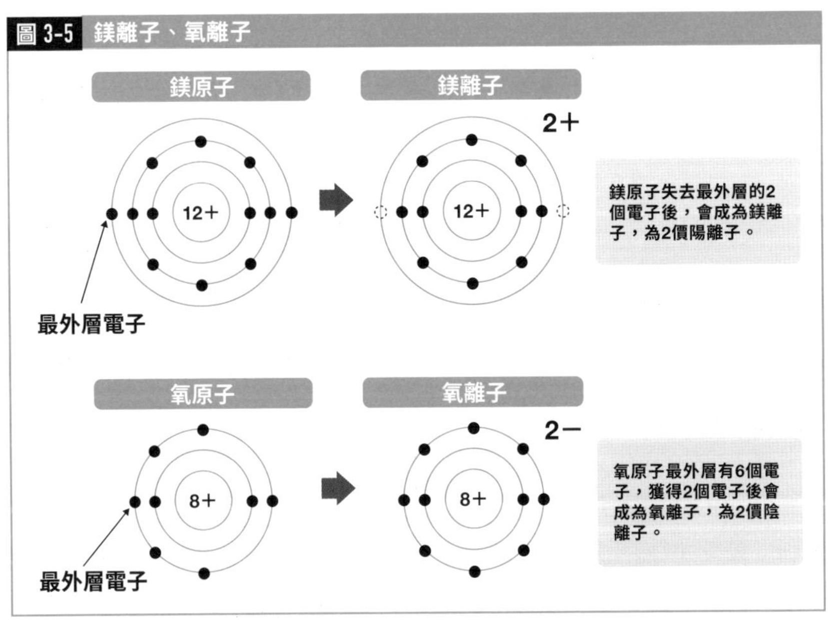
鎂原子
鎂離子
2+
12+
12+
最外層電子
鎂原子失去最外層的2個電子後，會成為鎂離子，為2價陽離子。
氧原子
氧離子
2−
8+
8+
最外層電子
氧原子最外層有6個電子，獲得2個電子後會成為氧離子，為2價陰離子。

失去電子的容易程度、獲得電子的容易程度

原子失去電子的容易程度，以及獲得電子的容易程度，與該原子在週期表中的位置有關。由原子在週期表中的位置，可以看出「原子核與最外層電子之距離」。**最外層離原子核越遠時，該原子越容易失去電子；最外層離原子核越近時，該原子越容易獲得電子**。

圖 3-6 元素的一般性傾向

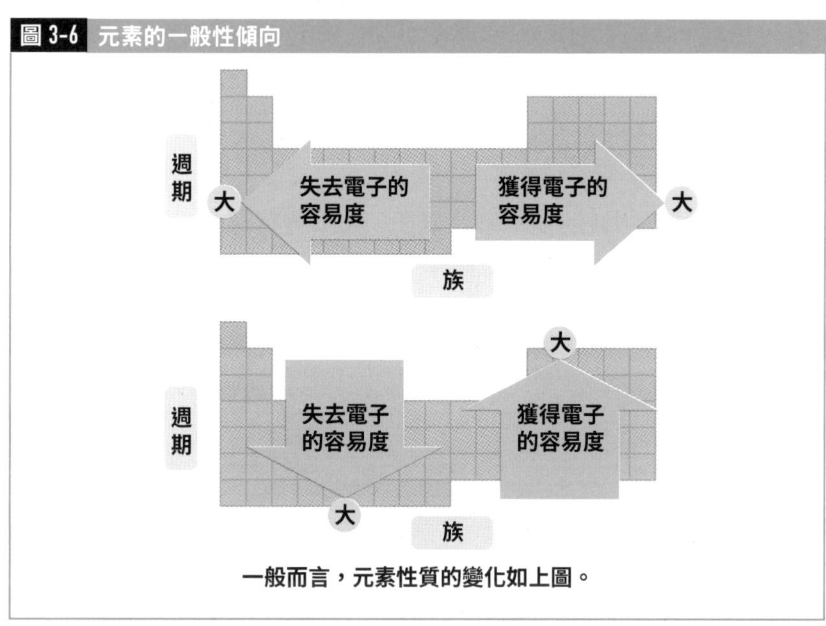

一般而言，元素性質的變化如上圖。

以週期表中央第3週期的鋁為分界，元素大致上可以分成金屬元素與非金屬元素。**金屬元素與非金屬元素反應後，多數情況下會形成離子性物質（離子結晶**）。陽離子與陰離子以靜電力彼此吸引結合而成的結晶，叫做**離子晶體**。這種由正電荷與負電荷以**庫倫力（靜電力）**結合而形成的化學鍵，稱做**離子鍵**。

氯化鈉就是鈉離子與氯離子以離子鍵結合而成的**離子性物質（離子晶體）**。

陽離子與陰離子可形成「靜電」平衡的離子性物質

離子的名稱

陽離子包括氫離子H^+、鈉離子Na^+等。

陰離子包括氯離子Cl^-、氧離子O^{2-}等。以上單原子的離子，名稱皆為「（元素名稱）＋離子」。

原子團離子的名稱則各不相同。

來自酸性物質的多原子陰離子，如硝酸根離子、硫酸根離子等，為「（酸的名稱）＋根＋離子」。

圖 3-7 離子的例子

陽離子	陰離子
氫離子・H^+	氯離子・Cl^-
鈉離子・Na^+	氫氧根離子・OH^-
鉀離子・K^+	硝酸根離子・NO_3^-
鎂離子・Mg^{2+}	硫酸根離子・SO_4^{2-}
鈣離子・Ca^{2+}	碳酸根離子・CO_3^{2-}
鋁離子・Al^{3+}	
銨離子・NH_4^+	

離子性物質的化學式（實驗式）

氯化鈉（食鹽主成分）的結晶由Na^+與Cl^-規則排列構成，整體結晶的電荷為0。

離子性物質是陽離子與陰離子以一定比例結合，達成靜電平衡的物質。

以符號表示這些物質時，會用組成離子之最簡整數比寫成實驗式。舉例來說，氯化鈉中Na^{+}與Cl^{-}的數目比為1:1，故實驗式為NaCl。氯化鎂中Mg^{2+}與Cl^{-}的數目比為1:2，故實驗式為$MgCl_2$。

（陽離子價數）×(陽離子個數)=(陰離子價數)×(陰離子個數)

離子性物質由各種金屬的陽離子，與各種陰離子結合而成。陰離子如氧離子O^{2-}、硫離子S^{2-}、氯離子Cl^{-}、硝酸根離子NO_3^{-}、硫酸根離子SO_4^{2-}、碳酸根離子CO_3^{2-}、碳酸氫根離子HCO_3^{-}、氫氧根離子OH^{-}等。物質名稱則通常是「（陰離子名稱去掉「離子」或「根離子」）＋化＋（陽離子名稱去掉「離子」）」。

圖 3-8 離子性物質的化學式

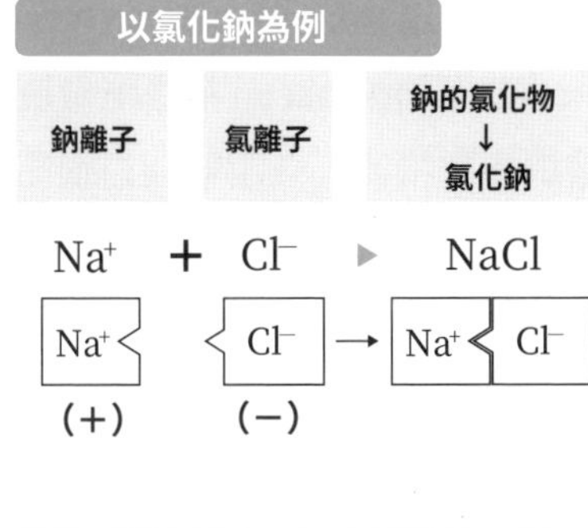

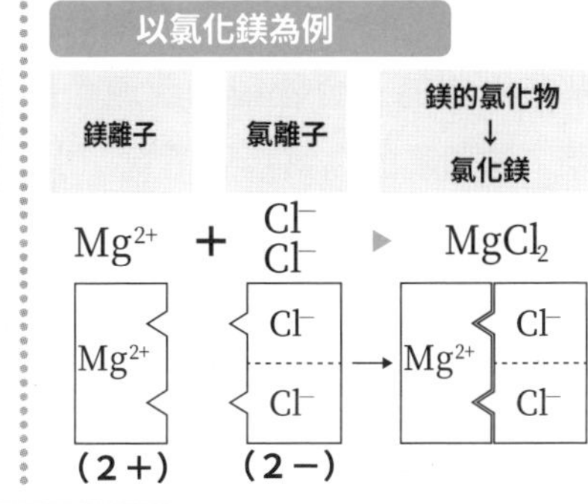

鈉離子與各種陰離子結合而成的離子性物質例子

Na^{+} ＋ **硫離子** S^{2-} ⇒ **硫化鈉** Na_2S

Na^{+} ＋ **硝酸根離子** NO_3^{-} ⇒ **硝酸鈉** $NaNO_3$

Na^{+} ＋ **硫酸根離子** SO_4^{2-} ⇒ **硫酸鈉** Na_2SO_4

Na^{+} ＋ **碳酸根離子** CO_3^{2-} ⇒ **碳酸鈉** Na_2CO_3

Na^{+} ＋ **氫氧根離子** OH^{-} ⇒ **氫氧化鈉** NaOH

意義比「鹽」還要更廣的「鹽」

離子性物質也叫做「**鹽**」。氯化鈉NaCl也是一種「鹽」，俗稱「食鹽」。金屬離子與硝酸根離子 NO_3^{-}、硫酸根離子 SO_4^{2-}、碳酸根離子 CO_3^{2-}、氫氧根離子 OH^{-}、氧離子 O^{2-}、硫離子 S^{2-}、氯離子 Cl^{-}結合而成的化合物，分別稱做**硝酸鹽**、**硫酸鹽**、**碳酸鹽**、**氫氧化物**、**氧化物**、**硫化物**、**氯化物**。

離子性物質通常易溶於水

氯化鈉、蔗糖溶於水中會成為透明液體。這是因為氯化鈉、蔗糖會分解成離子或分子，均勻分散在水中。這種現象叫做**溶解**，溶解後形成的混合物稱做**溶液**。另外，溶解其他物質的液體稱做**溶劑**，被溶解的物質稱做**溶質**。水可溶解多種物質，為溶解能力很高的液體。譬如海水就溶有60種以上的元素。特別是對離子性物質來說，水是最佳溶劑。不過石油苯、四氯化碳、苯等油性物質，幾乎無法溶解於水中。

氯化鈉這種離子性物質，是由陰陽離子藉由其電荷彼此吸引結合而成。不過當氯化鈉結晶進入水中後，結合力會降至原本的80分之1，所以**陰陽離子在水中容易彼此分離。基本上，離子性物質通常易溶於水，並在水中分散成陽離子與陰離子**。

鹼金屬的化合物皆可溶於水。**硝酸鹽**皆可溶於水。

硫酸鹽除了硫酸鋇、硫酸鈣、硫酸鉛之外，皆可溶於水。**碳酸鹽**除了碳酸鋇、碳酸鈣之外，皆可溶於水。**氯化物**除了氯化銀之外皆可溶於水。

陽離子與陰離子結合形成沉澱的例子

在我國中三年級時，自然科學的課程中，有個實驗室將兩個試管內無色透明的液體混合，混合液會瞬間變成白色混濁狀。回想起來，那個實驗應該是碳酸鈣的沉澱實驗吧。

舉例來說，**碳酸鈉**或**硝酸鈣**溶於水中時為無色透明的水溶液。碳酸鈉水溶液中含有鈉離子與碳酸根離子，硝酸鈣水溶液含有鈣離子與硝酸根離子。混合後，離子會重新排列組合，鈉離子與硝酸根離子在一起，碳酸根離子與鈣離子在一起。硝酸鈉為易溶於水的物質，即使鈉離子與硝酸根離子相遇，離子仍會四處飄蕩於溶液中。

不過碳酸根離子與鈣離子相遇時，會形成無法溶解於水中的碳酸鈣，為白色沉澱。

圖 3-9 碳酸鈣的沉澱

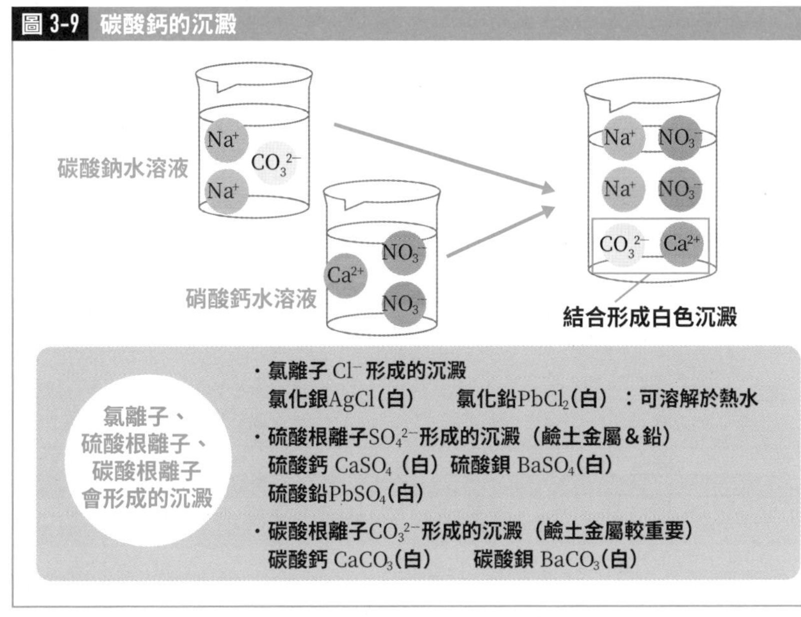

碳酸鈉水溶液
Na^+
CO_3^{2-}
Na^+
硝酸鈣水溶液
Ca^{2+}
NO_3^-
NO_3^-
Na^+ NO_3^-
Na^+ NO_3^-
CO_3^{2-} Ca^{2+}
結合形成白色沉澱
氯離子、硫酸根離子、碳酸根離子會形成的沉澱
・氯離子 Cl^- 形成的沉澱
氯化銀 $AgCl$(白)　氯化鉛 $PbCl_2$(白)：可溶解於熱水
・硫酸根離子 SO_4^{2-} 形成的沉澱（鹼土金屬 & 鉛）
硫酸鈣 $CaSO_4$（白）硫酸鋇 $BaSO_4$(白)
硫酸鉛 $PbSO_4$(白)
・碳酸根離子 CO_3^{2-} 形成的沉澱（鹼土金屬較重要）
碳酸鈣 $CaCO_3$(白)　碳酸鋇 $BaCO_3$(白)

鹼金屬與鹼土金屬的氫氧化物為強鹼

在國小與國中的自然科學課程中有教到，我們可以用石蕊試紙來分辨溶液是酸性或鹼性。

在化學領域中，鹼是酸的相反物質，酸鹼中和後會生成鹽與水（有時不會生成水）。鹼的英文base意為鹽的基礎base of salt，即「與酸結合後會形成鹽的物質」。

鹼的另一個英文alkali原本是指陸生植物灰燼（主成分為K_2CO_3）與海生植物灰燼（主成分為Na_2CO_3）的合稱，由阿拉伯人命名。這裡的kali為灰燼的意思。一般來說，「鹼性物質中易溶於水者（如NaOH、KOH、$Ca(OH)_2$等）」稱做alkali。鹼金屬的碳酸鹽或銨鹽也叫做alkali。

「易溶於水的鹼叫做alkali」，其中，鹼金屬與鹼土金屬的氫氧化物更是強鹼（強alkali）。

學習化學時，要記住的強鹼包括氫氧化鈉、氫氧化鉀、氫氧化鈣。

要記住的強酸則包括鹽酸HCl、硫酸H_2SO_4、硝酸HNO_3。

酸鹼中和後會生成水與鹽

酸與鹼反應後，彼此的性質會互相抵銷。這種現象叫做中和。

做為物質酸性來源的氫離子H^+，與做為物質鹼性來源的氫氧根離子OH^-，會在中和反應中消失，兩者的性質也會消失。鹽酸與氫氧化鈉中和後，會生成水與氯化鈉NaCl這種鹽類。

$HCl+NaOH \rightarrow H_2O+NaCl$

酸或鹼的種類不同時，鹽的種類也不一樣。

舉例來說，鹽酸HCl與氫氧化鈣$Ca(OH)_2$可形成氯化鈣

$CaCl_2$，硫酸H_2SO_4與氫氧化鈉NaOH可形成硫酸鈉Na_2SO_4，兩者為不同的鹽類。

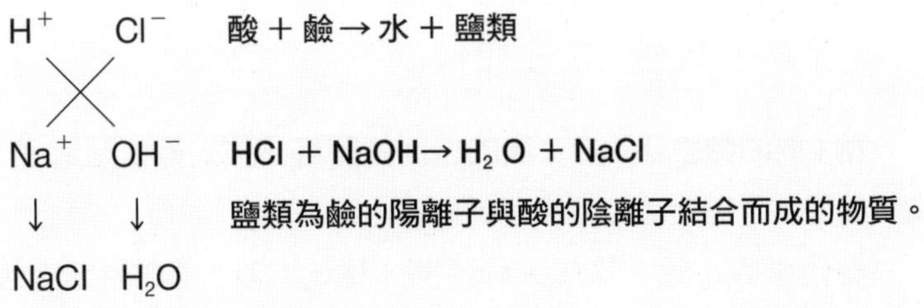

過渡元素的離子

第1族、第2族、第13～18族等典型元素中，同一縱行之同族元素的最外層電子數相同，化學性質相似。相對的，**過渡元素中即使同一族，最外層電子數卻無規律性，與同族元素相比，同一週期元素的化學性質還比較接近，為過渡元素的一大特徵。過渡元素全都是金屬元素，最外層電子幾乎都是1個或2個，內側電子並沒有填滿，所以同一種元素可能存在不同價數的離子**。

舉例來說，鐵有2價或3價離子，銅有1價或2價離子。Fe^{2+}為鐵（II）離子（常稱做亞鐵離子）、Fe^{3+}為鐵（III）離子（常簡稱鐵離子）、Cu^+為銅（I）離子（常稱做亞銅離子）、Cu^{2+}為銅（II）離子（常簡稱銅離子），以羅馬數字區別。物質名稱也會加上羅馬數字以區別差異。

FeO…氧化鐵（II）或氧化亞鐵

Fe_2O_3…氧化鐵（III）或三氧化二鐵

鐵的氧化物還包括四氧化三鐵Fe_3O_4，但這是氧化鐵（II）與氧化鐵（III）的混合物。將鋼絲絨撕碎點火，會燒出一閃閃的火星。此時生成的產物大多是氧化鐵（Ⅲ）Fe_2O_3，也包含一些氧化鐵（Ⅱ）FeO與四氧化三鐵Fe_3O_4。

金屬的活性（離子化傾向）

第1族的鹼金屬與第2族的鹼土金屬容易失去最外層電子，成為陽離子。不同金屬產生反應的難度也不一樣。

舉例來說，鋁、鋅放入稀鹽酸、稀硫酸時，會產生氫氣並溶解。另一方面，銅、銀、金並不會溶解於稀鹽酸與稀硫酸。

金屬單質接觸到水或水溶液時，傾向將電子丟給其他原子，自身成為陽離子（離子化傾向）。不同金屬的離子化傾向也不一樣。金屬依照離子化傾向由大到小排列，可得到**離子化傾向序**，也叫做金屬活性序。

次頁的圖3-10為主要金屬的離子化序列。

氫不是金屬，但氫容易轉變成陽離子，故一般會放入序列中做為比較基準。

這個**離子化傾向序中，越左側的原子越容易變成陽離子，即越容易失去電子（越容易將電子丟給其他原子）**。

離子化傾向序為金屬原子失去電子的容易程度順序，也是金屬單質化學活性強度順序。這個順序會隨著溶液種類、濃度、金屬表面的狀態而改變。

金屬使用的歷史

金屬使用的歷史，與從礦石中提煉出該金屬的難易度有很大的關係。金、銀、銅在自然界中常以單質形式存在，不過多數金屬會以氧化物、硫化物的形式開採出來。

圖 3-10 離子化傾向與反應

金屬離子化傾向序

鉀K　鈣Ca　鈉Na　鎂Mg　鋁Al　鋅Zn　鐵Fe　鎳Ni　錫Sn　鉛Pb
氫(H_2)　銅Cu　水銀Hg　銀Ag　鉑Pt　金Au

記憶方式

鉀K	鈉Na	鈣Ca	鎂Mg	鋁Al	碳C	鋅Zn	鐵Fe	錫Sn	鉛Pb
賈	娜	蓋	美	女	嘆	心	鐵	喜	錢

氫(H_2)	銅Cu	汞Hg	銀Ag	鉑Pt	金Au
請	總	共	一	百	金

離子化傾向序	Li	K	Ca	Na	Mg	Al	Zn	Fe	Ni	Sn	Pb	H_2	Cu	Hg	Ag	Pt	Au
空氣中的反應	從裡到外迅速氧化				室溫下緩慢氧化，表面形成氧化膜									不易氧化			
與水的反應	可與冷水反應產生氫氣				可與熱水反應	可與高溫水蒸氣反應			不反應				不反應				
與酸的反應	可溶於稀鹽酸中產生氫氣												可溶於有氧化力的酸中			僅溶於王水	

化合物內原子的結合力越強，就越難從礦物中提煉出金屬。人類自古以來就知道金、銀、汞、銅、鐵，後來陸續知道了鉛、錫、鋅等金屬，就是因為這些金屬與其他原子的結合力強弱有差異。

也就是說，**自古以來便為人所知的金屬，皆為離子化傾向較小的金屬**。離子化傾向小，便容易以單質形式存在，即使形成化合物，也容易從離子轉變成原子單質。

鋁的離子化傾向大，通常以鋁離子的形式存在，且會與氧離子強力結合，難以提煉出來。鋁的大量生產直到19世紀後半才得以實現。

非金屬元素會以「共價鍵」結合成分子

化學鍵只有三種

讓我們來看看週期表中有哪些金屬元素與非金屬元素。

第18族的惰性氣體不會與自身或其他元素結合，所以在討論化學鍵時，可以略過這些元素。但不要忘記，不管是哪個元素，原子的電子組態都會傾向往惰性氣體靠攏。前面提到的離子鍵，為金屬元素與非金屬元素的結合方式。金屬元素會轉變成陽離子，非金屬元素會轉變成陰離子，彼此靠庫倫力吸引，形成結晶。

除了離子鍵之外，化學鍵還包括非金屬元素與非金屬元素結合時的共價鍵，以及金屬元素彼此結合時的金屬鍵。**化學鍵大致上可分為離子鍵、共價鍵、金屬鍵等三種**。

氫分子中，兩個氫原子共用彼此的電子

兩個氫原子分別拿出1個電子，並共用這2個電子，便可得到與氦相同的電子組態，形成氫分子。兩個氫原子之間為共價鍵。

要理解共價鍵，需先知道電子對與不成對電子的概念

電子有自旋的性質。自旋的概念較困難，這裡僅說明大致概念。讓我們來看看與化學鍵有關的最外層軌道（其他電子殼層的軌道狀況也相同）。當軌道中有8個電子（八隅體規則）時，狀態最

穩定。

可容納8個電子的軌道，由4個小房間構成，每個小房間可容納一個**電子對**。電子對為2個成對電子（自旋相反的電子對）。如果小房間內只有1個電子，便稱做**不成對電子**。電子會依照特定方式，填入這4個小房間。簡單來說，電子會盡可能孤獨存在於一個小房間內。

這裡讓我們來看看非金屬元素的碳C（最外層4個電子）、氮N（最外層5個電子）、氧O（最外層6個電子）、氯Cl（最外層7個電子）、氖Ne、氬Ar（最外層皆為8個電子）的情況。

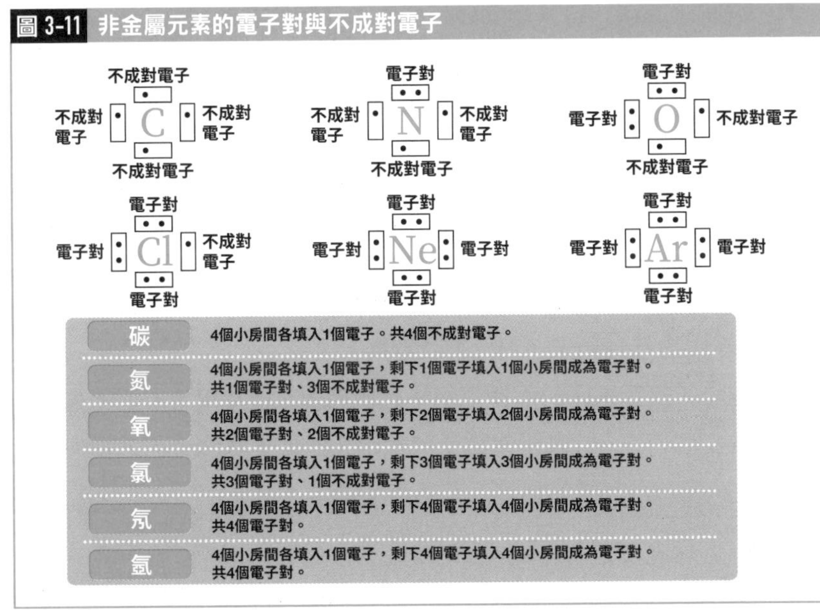

圖 3-11 非金屬元素的電子對與不成對電子

氯分子、二氧化碳分子、氮分子、水分子

【氯分子】

1個氯原子有1個不成對電子。2個氯原子可分別拿出1個不成

對電子，組成電子對，共用這2個電子（**共用電子對**）。

此時，氯分子內的兩個氯原子都擁有這個共用電子對，最外層都有8個電子，狀態相當穩定。若兩原子共用1組共用電子對，稱做**單鍵**。**在元素符號間畫一條線，可表示單鍵**。這種化學式叫做**結構式**。

【二氧化碳分子】

碳原子的最外電子殼層有4個不成對電子。氧原子的最外電子殼層有2組電子對與2個不成對電子。二氧化碳分子內有兩個碳原子一氧原子連結。對於每個連結而言，C與O會各拿出2個不成對電子，組成2組共用電子對，彼此共用。

這種共用2組共用電子對的結合，稱做**雙鍵**。**在元素符號間畫兩條線，可表示雙鍵**。

【氮分子】

一個氮原子有3個不成對電子。兩個氮原子各拿出3個不成對電子，組成3組共用電子對，彼此共用。

此時，氮分子內的兩個氮原子都擁有這3組共用電子對，最外層都有8個電子，狀態相當穩定。共用3組電子對的結合，稱做**三鍵**。在元素符號間畫三條線，可表示三鍵。

【水分子】

氧原子的最外電子殼層有2組電子對與2個不成對電子。氫原子的最外電子殼層僅1個不成對電子。水分子內有兩個氧原子一氫原子連結。對於每個連結而言，O與H會各拿出1個不成對電子，組成1組共用電子對，彼此共用。

圖 3-12 分子的結構式

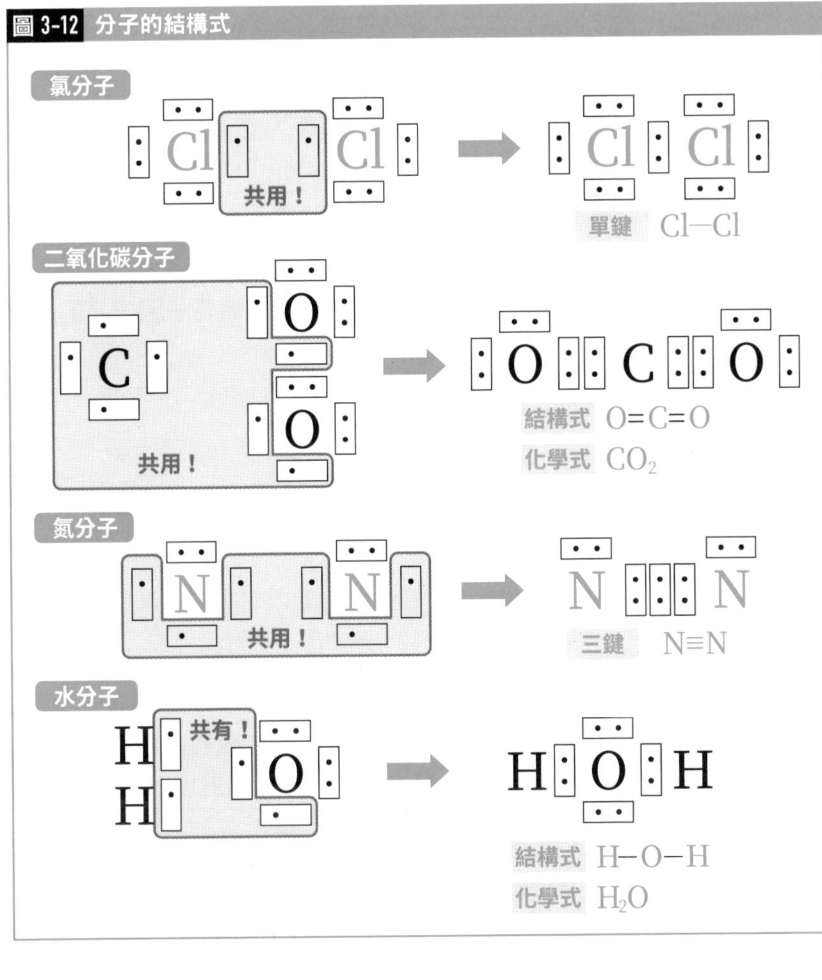

可能有人會問「為什麼不用氧分子做為雙鍵的例子呢……」。高中化學的教科書中，在提到雙鍵時，並非使用氧分子，而是用二氧化碳分子做為例子。這是因為，氧分子擁有順磁性，會被磁石吸引，所以最外電子殼層必定存在不成對電子，然而O=O的電子式中並沒有不成對電子。

水分子為什麼會是這個形狀

這個段落比較複雜，覺得難的話可以跳過。

讓我們思考一下水分子的形狀。水分子的中心為氧原子。中心原子的周圍有共用電子對與非共用電子對（孤對電子）。孤對電子所在位置的電子密度較高。電子密度高的區域帶有負（－）電荷，故會彼此排斥。為了降低這種排斥作用，原子會讓電子密度高的區域盡可能離得遠一些。

各種電子對之間的排斥力強度如下。

孤對電子之間的排斥力＞孤對電子與共用電子對之間的排斥力＞共用電子對之間的排斥力

可以想想看為什麼二氧化碳分子的形狀會是直線。

二氧化碳分子中的碳原子，與2個氧原子之間各有2組共用電子對，其中2組共用電子對會盡可能遠離另外2組共用電子對。換言之，如果碳原子左側有2組共用電子對，那麼另外2組共用電子對會移到離前者最遠的碳原子右側。所以**二氧化碳分子的形狀會是直線**。

另一個比較好理解的例子是**甲烷分子CH_4**，位於中心的碳原子有4組共用電子對，彼此的排斥力皆相同，故甲烷外形呈正四面體狀，碳原子位於正四面體中心，H-C-H的角度為109.5度。

然而，水分子的氧原子同時擁有2組孤對電子，以及2組共用電子對，配置於氧原子的周圍。因為有四個高電子密度區域，所以立體形狀也像甲烷一樣呈四面體狀。從氧原子往4個頂點的方向，

圖 3-13 水分子的形狀

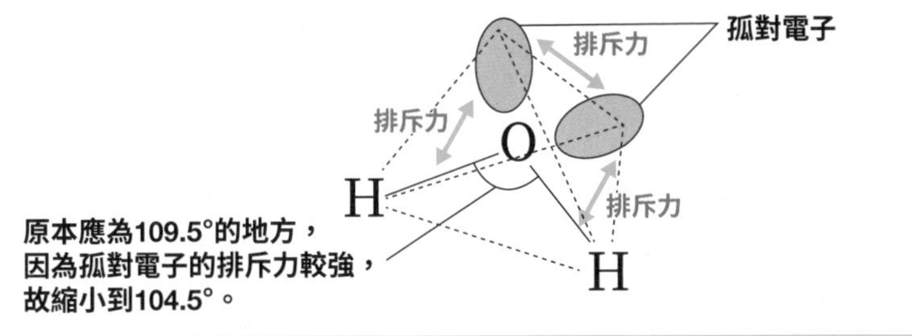
孤對電子
排斥力
排斥力
O
H
排斥力
H
原本應為109.5°的地方，
因為孤對電子的排斥力較強，
故縮小到104.5°。

分別與2組氫原子的共用電子對，以及2組孤對電子相連。這4個高電子密度區域之間的排斥力如果皆相等，那麼角度會是109.5度，但因為2組孤對電子間的排斥力比較強，所以2組共用電子對之間的空間會被壓縮，角度變小。事實上，H-O-H的角度為104.5度。

由分子構成的物質為分子性物質、其固體為分子結晶

20℃下，有些分子性物質為氣態，有些則是液態或固態。氣態分子性物質包括**空氣中的氮分子、氧分子、氬分子（單原子分子）、二氧化碳分子，若非乾燥空氣的話則還包括水分子（水蒸氣）。這些氣態分子會在空氣中四處飛舞**。

廚房使用的天然氣主要成分為甲烷分子，丙烷氣由丙烷分子構成。液態分子性物質則包括水分子、乙醇、各種食用油。固態分子性物質則如奶油與人造奶油內的脂肪、鮮味調味料（胺基酸）、砂糖（蔗糖）等。乾冰為固態二氧化碳。

液態或固態的分子性物質中，分子之間以分子間力結合。分子間力比庫倫力還要弱，所以液態物質常可輕易轉變成氣態，固態物質也可輕易轉變成液態，有時還會跳過液態直接變成氣態。

金屬元素之間會以金屬鍵結合

自由電子為金屬的特徵

金屬有金屬光澤，可導熱、導電，延性、展性優異。這些特徵與金屬原子的特性有關，**金屬原子核周圍的電子中，有些電子不屬於特定原子，而是自由在多個原子間移動，稱做自由電子**。金屬原子聚在一起時，軌道會彼此重疊，共用電子。然而原子核吸引電子的力量較弱，所以有些電子會在不同原子間自由移動，以自由電子的形式存在。自由電子可構成金屬元素原子間的化學鍵，稱做**金屬鍵**。

照射到金屬表面的光，會先被自由電子吸收，然後釋放出幾乎全部的光。換言之，幾乎所有的光都會被反射，使金屬看起來有金屬光澤。金屬導電度高，若施加電壓，自由電子會從負極往正極移動。金屬之所以有延性、展性，是因為金屬原子之間有自由電子這個「漿糊」般的東西連接，即使位置改變，連結本身也不會變弱，所以金屬可以任意變形。25℃時呈液態的金屬只有汞，其餘金屬皆為固態。

圖 3-14 金屬鍵

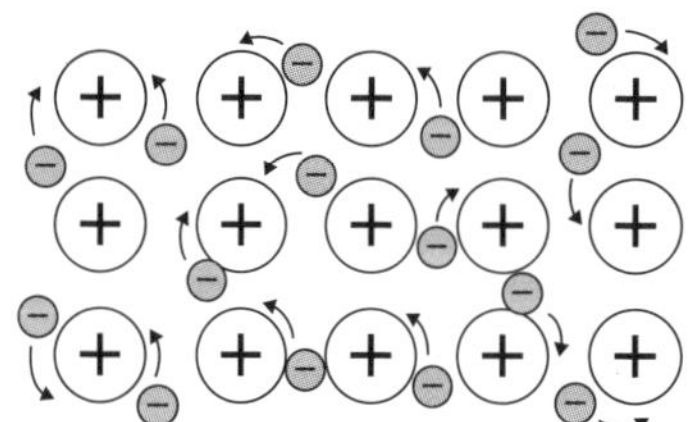

金屬的自由電子遠離原子核時，金屬原子會表現出陽離子的性質。自由電子便如「漿糊」般，連接這些陽離子。若對金屬施加壓力，金屬原子就會像飯糰的米粒一樣，保持與其他米粒黏在一起的狀態移動，所以金屬有延性與展性。對金屬施加電壓時，自由電子會開始移動，形成電流。

世界上的物質大致上可以分成三種

三大物質為離子性物質、分子性物質、金屬

世界上的物質可以大致分為離子性物質、分子性物質、金屬等「三大物質」。

離子性物質由金屬元素與非金屬元素結合而成。**金屬元素會變成陽離子，非金屬元素則變成陰離子，然後兩者結合在一起**。

分子性物質是由非金屬元素彼此結合而成。金屬則是由金屬元素（可能是1種金屬，也可能是2種以上的金屬）的原子以金屬鍵結合而成。固態金屬為**金屬結晶**。廚房內的食鹽為離子性物質，砂糖為分子性物質，皆為代表性物質。

食鹽的同類…即使強熱也不易熔化，卻可輕易溶於水中。加熱水溶液，蒸發掉水之後，會再析出。

砂糖的同類…在300℃以下便會分解（碳化），更高溫時會開始燃燒。砂糖易溶於水，但也有許多分子性物質像油類分子一樣，不易溶於水。

【離子性物質】

離子性物質為陽離子與陰離子結合而成的物質。熔點高，室溫下為固態（結晶），也稱做離子結晶。離子為帶有正電荷或負電荷（電量）的原子或原子團。譬如氯化鈉就是由鈉離子這種陽離子，以及氯離子這種陰離子結合而成。**氯化鈉、氫氧化鈉、硫酸鈉、碳**

酸鈉等，皆為離子性物質。

【分子性物質】

分子性物質是由分子構成的物質。分子為原子以共價鍵結合而成的物質。室溫下，有些分子性物質為氣態、有些為液態、有些為固態。液態或固態物質的分子，靠著分子間力聚集在一起。固態分子性物質也稱做分子結晶。分子間力很弱，所以固態分子性物質的熔點通常不高，加熱後很容易熔化。氫氣、氧氣、氮氣、氯氣、二氧化碳等在室溫下為氣態；水、乙醇等為液態；蔗糖（砂糖主成分）等為固態。

【金屬】

金屬原子多以金屬鍵彼此結合。有些金屬鍵很強，有些很弱，

圖 3-15 三大物質

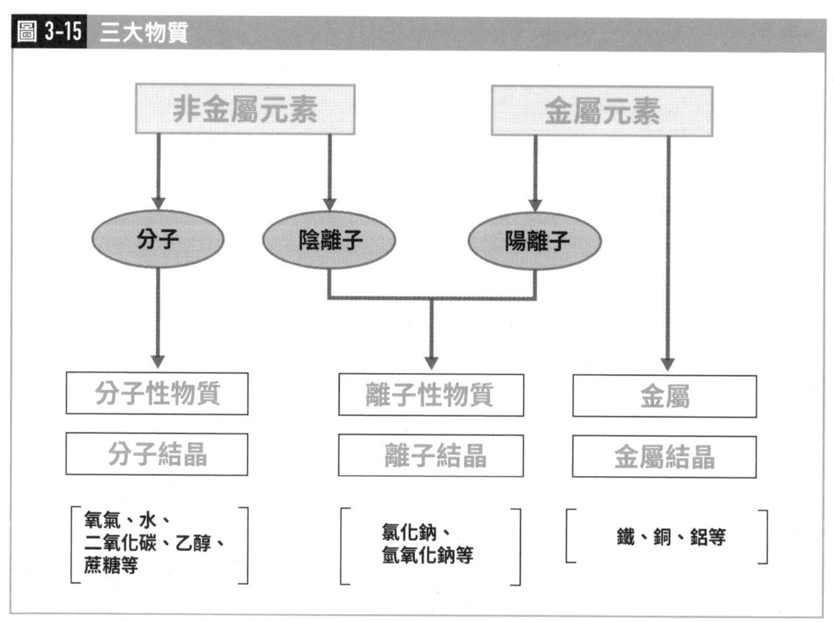

所以金屬的熔點有高有低。汞是熔點最低的金屬，僅-39℃；鎢是熔點最高的金屬，達3422℃。

從三大物質擴展到五大物質

除了三大物質外，有時會再加上無機高分子與有機高分子，將物質分為五大類。我們將在第7章中詳細說明有機高分子。

無機高分子的例子較少，包括石墨、鑽石（熔點為3550℃）、二氧化矽等。無機高分子形成的物質塊，是**原子間以共價鍵結合而成的巨大分子**。

舉例來說，石墨與鑽石皆由碳原子構成。鑽石內的一個原子必定與周圍的四個原子以共價鍵強力結合。

另一方面，石墨在橫向連結上的共價鍵強度比鑽石還要強，但縱向連結上僅靠分子間力這種微弱的力連接，稍加施力，就會呈片狀分離。由石墨製成的鉛筆筆芯，在紙上稍加施力便能寫出文字，就是因為石墨有這種性質。

鑽石是自然界中最硬的物質，但也相當脆。鑽石在某些方向上，容易被切開、磨削，所以我們可以輕易切割、研磨鑽石。若將鑽石固定起來敲打，可輕易將鑽石敲成碎片。

岩石、砂由二氧化矽 SiO_2 構成。構成地球地殼的岩石，主成分就是矽與氧。

石英是由二氧化矽構成的代表性礦物。結晶形狀特別美麗的石英，也叫做水晶。

鑽石或二氧化矽等固態物質為共價鍵結晶。**共價鍵為相當強的鍵結，所以共價鍵結晶的熔點相當高**。

十分常見卻有著特殊性質的水

水為極性分子

電負度為原子吸引共用電子對的程度。

電負度較大的原子包括氟原子F、氧原子O、氮原子N。這些原子與氫原子等電負度小的原子結合時，電子會被電負度較大的原子吸過去，使電荷分布不均。

水分子H-O-H間的鍵結角度為104.5度，分子整體的電荷分布不均。這種分子叫做**極性分子**。

氫鍵是什麼樣的鍵結？

分子間的吸引力，即分子間力，一般屬於**凡得瓦力**。不過水分子之間的作用力為**氫鍵**，比凡得瓦力強。

電負度比氫原子還要大的原子X與Y（氮、氧、氟等），可以氫原子為中間原子，形成相對偏弱的鍵結X-H-Y，這就是氫鍵。氫鍵強度約為共價鍵的1/10左右。

冰的結構

冰的結晶結構圖中，每個水分子都被位於四面體四個頂點的四個水分子包圍。兩個水分子之間會以氫鍵相連。從上方俯瞰這個結晶，可以看到水分子會排列成六邊形。雪的結晶也是由這種結構堆

圖 3-16 氫鍵與冰的結構

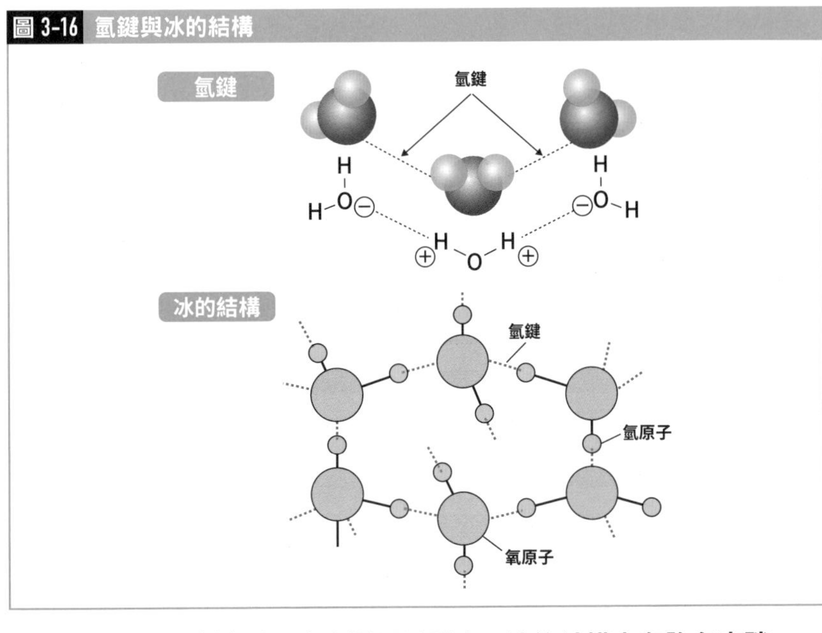

疊而成，故呈六邊形。由上圖可以看出，**冰的結構中有許多空隙**。

液態水

液態水可用以下模型說明。

液態水中，部分區域的水分子會形成像冰一樣的氫鍵，聚集在一起，不過這種聚集體會在 10^{-12} 秒左右之後崩解，變回單一的水分子，再經過 10^{-12} 秒後，又會形成新的水分子聚集體，故整群水分子呈動態變化。也就是說，**水中含有許多冰的結構**。0℃時水的密度為0.9998 g/cm^3。隨著溫度上升，水的密度也會跟著增加，到4℃時會增加到1 g/cm^3。若溫度繼續上升，水的密度則會變小。

水中部分區域為類似冰的結構，而脫離聚集體的水分子會插入這些結構的空隙，使密度增加。另一方面，水溫上升時，水分子的熱運動會使整體膨脹，密度降低。溫度改變時，水的密度的變化，

便取決於這兩種作用的平衡。

為什麼冰會浮在水面上？

幾乎所有物質都是固態形式的密度最高；同體積的狀況下，固態形式最重。冰的結構中有許多空隙，當冰融化成水時，會殘留一些冰的結構，不過水分子會插入這些結構的空隙，使密度增加。**像水一樣，固態密度<液態密度的物質並不多，僅限於矽、鎵、鍺、鉍等**（這些物質稱做**異常液體**）。另外，水在4℃時的密度最大。溫度上升時，部分氫鍵斷裂，使四面體這種空隙多的結構崩毀，密度傾向增加；另一方面，分子的熱運動變得劇烈，使密度傾向降低。水的密度變化就是兩者平衡的結果。天氣寒冷時，湖會從表面開始結冰，這可以保護內部。因此，即使外面氣溫很低，水中生物仍能繼續生存。若冰的密度比水大，湖、河川、海洋等會從底部開始結冰，北方湖泊與北極海就會整個被冰填滿。

圖 3-17 為什麼湖會從表面開始結凍？

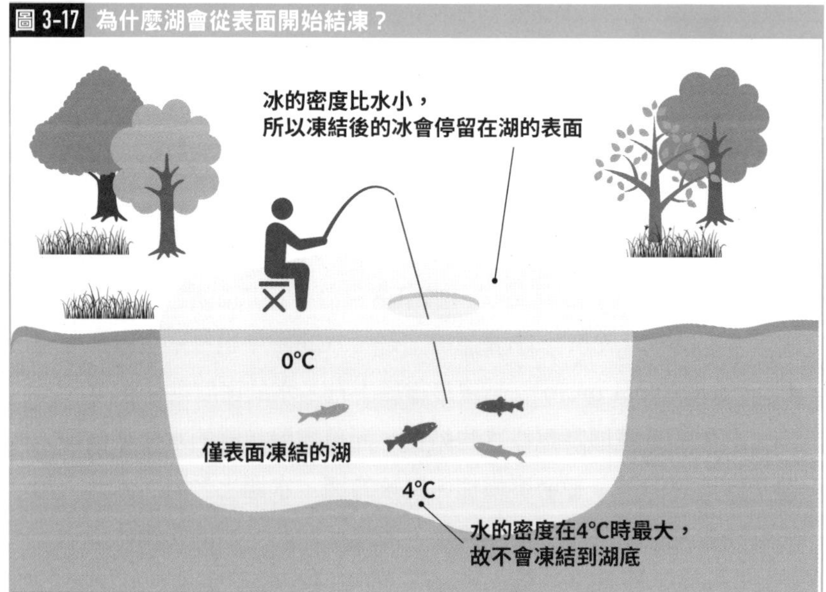
冰的密度比水小，
所以凍結後的冰會停留在湖的表面
0°C
僅表面凍結的湖
4°C
水的密度在4°C時最大，
故不會凍結到湖底

第 4 章

無機物質的世界

第 4 章概覽

第1章的第54頁中，我們提到物質可分成**有機物**與**無機物**兩種。

讓我們再複習一次有機物與無機物這兩個詞的意思。首先，「有機物」的「有機」指的是「活著，有生機的樣子」。

「有機」的英文是organic。簡單來說，有機體就是擁有生命的生物。

有機物種類繁多，譬如砂糖、澱粉、蛋白質、醋酸（醋的成分）、乙醇等酒精、甲烷、丙烷等。

相對於此，**無機物**指的是水、岩石、金屬等，生成過程不需借助生物代謝的物質。簡單來說，就是有機物以外的物質。

無機物包括金屬、碳、氧、氫、氯、硫等所有單質，以及各種鹽類化合物。

本章要討論的無機物質如右圖所示，各節中將介紹不同的單質以及它們的化合物。

1	氫	H	最小的原子、分子。地球上主要以水的形式存在。
2	碳	C	生物體的主要元素之一。構成了有機化合物的世界。
3	氮	N	氮氣佔了空氣的約 78%。
4	氧	O	氧氣可與多種元素化合，得到氧化物。
5	氯	Cl	氯氣為人類第一個製造出來的毒氣兵器（化學兵器）。
6	硫	S	燃燒後會產生有毒的二氧化硫氣體。
7	鈉	Na	可以用美工刀輕易切開的柔軟金屬。
8	鎂	Mg	燃燒時會發出刺眼光芒，並生成氧化鎂的金屬。
9	鈣	Ca	生物體的主成分之一，可構成骨骼、牙齒、外殼。
10	鋁	Al	鋁為輕金屬的代表。
11	鐵	Fe	現在仍是鐵文明的時代。
12	銅	Cu	用量第三名的金屬，僅次於鐵、鋁。
13	鋅	Zn	鋅可製成鍍鋅鋼板與乾電池的負極。

H：最小的原子、分子，在地球上以水的形式存在

氫是宇宙中最多的元素

宇宙為高度真空的空間，卻飄盪著許多單獨存在的氫原子。宇宙誕生時的「大霹靂」便生成了大量質子（氫原子核）。經過38萬年的冷卻後，質子開始與電子結合，形成氫原子。

釋放出龐大能量的太陽，原本的主成分就是氫。四個氫原子可在核融合反應後，融合成一個氦原子，此時生成的能量，就是太陽的能量來源。

氫氣燃燒後可得到水

地球上的單質氫以氫分子（氫氣）的形式存在，然而地球的重力無法把氫氣保留在大氣層內，所以大氣層內幾乎不存在氫氣。

氫氣是最輕的氣體，燃燒後可得到水。**若空氣中的氫氣比例佔4～75%，那麼點火時就會產生爆炸性反應**。

$2H_2+O_2 \rightarrow 2H_2O$

氫可做為燃料電池的燃料，為備受矚目的次世代能源之一。日本正以發展氫社會為目標，希望未來能以氫做為主要能量來源。地球上有許多氫元素，不過這些氫多以氧結合，以水的形式存在。液態火箭的燃料就是液態氫與液態氧。氫也可做為工業原料，用途包括製造氨NH_3等。

C:建構出有機化合物的世界，也是構成生物的主要元素

從黑色的物質到無色透明的物質

木炭是一種自古以來便為人所知，且幾乎由碳構成的物質。木材悶燒後會分解成木炭。木炭為**無定型碳**，沒有明顯的結晶結構。

僅由碳構成的物質（碳的同素異形體）中，有明確的結晶或分子形狀者包括鑽石、石墨、富勒烯等。**完全沒有任何相似之處的黑色木炭（石墨為高度結晶化的木炭）與無色透明且十分堅硬的鑽石，兩者燃燒後都會生成二氧化碳**。

為什麼要用石墨製作鉛筆筆芯

鑽石的折射率相當高，除了當做寶石之外，因為是最堅硬的物質，所以也用來切割玻璃與岩石。石墨柔軟又導電，可用於製作電池或電解時的電極，以及鉛筆的筆芯。

鉛筆筆芯為「石墨與黏土燒結塑形固化而成」或是「石墨與塑膠混合塑形固化而成」。之所以用石墨製作筆芯，是因為其結晶由薄片構成，容易從結晶上剝離下來。石墨的結晶中，許多碳原子以共價鍵結合成六邊形網狀結構，這些平面結構再堆疊成巨大分子。每個平面結構之間僅以微弱的分子間力連結，所以容易剝落。

鉛筆筆芯的硬度取決於石墨的比例，石墨含量越高，筆芯就越軟。日本的標準（日本工業規格JIS）中，最軟最濃的筆芯為6B，最硬最淡的是9H，由軟而濃到硬而淡依序為6B、5B、4B、3B、

2B、B、HB、F、H、2H、3H、4H、5H、6H、7H、8H、9H共17個等級。B取自英語「黑色」（Black）首字母，H取自英語「堅硬」（Hard）首字母。H與HB中間的F取自「堅固」（Firm）首字母。

富勒烯的發現

過去人們曾認為「碳是一種相當普遍的元素，應已不存在未知的同素異形體」。

但出乎人意料之外的，**1985年時，科學家們發現了由60個碳原子構成的美麗球狀分子。這個球狀分子由12個五邊形與20個六邊形組成，就像一顆足球一樣**。

事實上在1970年，也就是發現這個分子的15年前，日本的大澤映二博士便預言了這種分子的存在。

後來科學家們又發現了C_{70}、C_{75}、C_{78}、C_{84}等碳數大的分子，這些分子總稱為富勒烯。除了球狀分子之外，科學家還發現了筒狀的奈米碳管。有時候我們會把奈米碳管當成一種富勒烯。

奈米碳管內或許能放入其他原子。科學家們正積極展開相關研究奈米碳管的物理、化學性質，希望能應用在醫學或其他領域上。

圖 4-1 富勒烯與奈米碳管

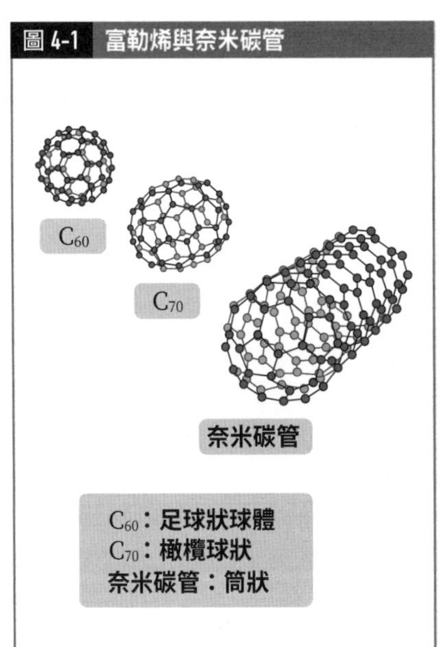

含碳的無機化合物

碳或含碳化合物在空氣中燃燒時，會產生二氧化碳。二氧化碳為無色無味氣體，溶於水中會使水溶液呈弱酸性。碳酸水是溶有二氧化碳的水，含有弱酸**碳酸 H_2CO_3**。碳酸僅能以水溶液形式存在。

使二氧化碳通過石灰水〔氫氧化鈣水溶液 $Ca(OH)_2$〕後，會產生難溶於水的碳酸鈣 $CaCO_3$ 沉澱，使水溶液呈白色混濁狀。

$Ca(OH)_2+CO_2 \rightarrow CaCO_3+H_2O$

固態二氧化碳在1大氣壓下會在-79℃昇華，直接變成氣體。所以固態二氧化碳也叫做乾冰，可用於製作冷卻劑。乾冰為二氧化碳分子以分子間力結合而成的分子結晶。

碳或含碳化合物經不完全燃燒後，會產生一氧化碳。一氧化碳無色無味，與血液中血紅素的結合力很強，會妨礙血液運送氧氣，是毒性很強的氣體。

有機化合物的世界

碳的化合物達2億種，建構出了有機化合物的世界。碳為構成生物體的主要元素之一，與多種生物功能有關。**包括澱粉、蛋白質、脂肪，皆為含碳化合物，即有機化合物**。

自然界中，植物可以用二氧化碳與水做為原料行光合作用。海底熱泉生態系的化學合成細菌可以用無機物為原料，製造出有機化合物。這些有機化合物可構成生物的生體，亦可成為生存所需的能量來源。

天然纖維、合成纖維、塑膠也屬於有機化合物。石油、煤炭、天然氣等石化燃料也是由有機化合物構成。有機化合物燃燒後產生的二氧化碳屬於溫室氣體，為待解決的環境問題之一。

N：空氣中約有 78% 是氮氣

空氣中約有 78% 是氮氣

氮氣 N_2 為**無色、無味、無臭的氣體，佔了地球大氣約78%**。約在-196℃時液化，液態氮可用於冷卻劑。製造液態氮時，會先將空氣冷卻成液態空氣，由於氮氣與氧氣的沸點不同，故可分離出液態氮。

氮氧化物 NO_x

N_2O、NO、N_2O_3、NO_2、N_2O_5等在室溫下皆為活性低的氣體，高溫時卻會與氧氣產生各種氧化物。氮氧化物一般合稱為**NO_x**，為大氣汙染或酸雨的原因。

汽車引擎等高溫環境下，空氣中的氮氣或與氧氣反應，生成一氧化氮NO。一氧化氮為無色氣體，難溶於水，卻會在空氣中逐漸氧化，生成二氧化氮。二氧化氮為紅褐色氣體，易溶於水，有特殊臭味，毒性極強。

氮氣為製造氨的原料

其他含氮化合物還包括**氨 NH_3**、**硝酸 HNO_3**、**胺基酸**等。**氨為無色、有刺激性臭味的氣體，比空氣輕、極易溶於水。氨的水溶液（氨水）為弱鹼性**。**哈伯博施法**於1910年代確立，該方法使用氮氣與氫氣，能以工業規模製造氨。哈伯與博施使用主成分為鐵的觸媒，用可承受350大氣壓之高壓的裝置，成功以很高的效率合成出氨。

$$N_2 + 3H_2 \xrightarrow{\text{Fe（觸媒）}} 2NH_3$$

氨可用於製造硝酸、肥料、染料等多種含氮化合物。硝酸 HNO_3 除了有強酸性之外，還有很強的氧化力，可溶解銅、汞、銀等。工業上製造硝酸時，會以鉑為觸媒，使氨與空氣（氧氣）反應產生一氧化氮，再將其氧化成二氧化氮，然後與水反應製成硝酸。

用氨製成氮肥

植物肥料的三大元素為氮、磷（磷酸）、鉀。氮在植物體內可用於製作蛋白質，以及細胞內的各種物質。植物本身無法直接利用從空氣中吸收到的氮氣，必須以銨離子 NH_4^+、硝酸根離子 NO_3^- 等含氮化合物的形式吸收，才能運用。20世紀初以前，氮化合物的原料皆來自硝酸鈉 $NaNO_3$。在確立了哈伯博施法這種工業製氨法後，我們已可用空氣中的氮氣製造含氮化合物，使全球的農業生產量大增。

蛋白質由胺基酸組成

蛋白質是構成人類身體的重要營養素。**蛋白質是由多個含氮原子之胺基酸串連而成的巨大分子（高分子）。胺基酸除了含有碳、氫、氧之外，一定也含有氮元素**。有些胺基酸還含有硫。我們身體的毛髮、皮膚、內臟、肌腱等軟組織，皆由蛋白質構成。此外，催化體內各種化學反應的酵素，也是由蛋白質組成。

O:氧氣能與多種元素化合，形成氧化物

空氣中約有 21% 是氧氣

氧氣O_2無色、無味、無臭，略溶於水。水溶液不呈酸性。氧的活性很高，能與許多元素化合形成氧化物。空氣中約有21%為氧氣，許多生物就是靠著空氣中或水中的氧氣，維持生命活動。

工業上製造氧氣時，會將空氣冷卻成液態空氣，然後利用沸點的差異分離氧氣與氮氣。煉鋼為氧氣的最大用途。除此之外，用高溫火焰裁切、鍛焊鋼等金屬時，會用到氧—乙炔噴焰，醫療上也會用到氧氣。易氧化的食物、易發黴的零食包裝中常會放入抗氧化劑。這些抗氧化劑由鐵的粉末製成，可與氧氣結合，去除袋內空氣的氧氣，這樣便能防止食物氧化變質。

氧氣的同素異形體

平流層（高度10～50 km）有臭氧O_3分布，濃度最高可達十萬分之一，形成臭氧層。**臭氧層**可吸收對生物有害的紫外線，保護地面上的生物不受紫外線的傷害。

近年來，臭氧層變薄，某些區域甚至薄到像是開了一個洞一樣，稱做**臭氧洞**，已成為備受矚目的環境問題。

在氧氣中放電，或是氧氣照到紫外線時，會生成臭氧。印表機等機器的放電也會使空氣中的氧氣分子生成臭氧，並產生臭味。臭氧英文ozone便是來自拉丁語的「臭」。

臭氧的氧化力很強，本身便對人體有害。臭氧有著獨特的臭味，為淡藍色的有毒氣體。

氧為地殼中最多的元素

氧可以水H_2O的形式存在，在岩石中則會以二氧化矽SiO_2等化合物的形式存在，為地殼含量最多的元素。

非金屬元素的氧化物可與水反應，生成含氧酸

非金屬元素的氧化物如二氧化碳CO_2、十氧化四磷P_4O_{10}、三氧化硫SO_3等，皆屬於**分子性物質**。**這些物質與水反應後會生成含氧酸，與鹼反應可生成鹽類，稱做酸性氧化物**。

$SO_3+H_2O \rightarrow H_2SO_4$

能以上述方式生成的含氧酸包括硫酸H_2SO_4、磷酸H_3PO_4、碳酸H_2CO_3等含有氧元素的酸。拉瓦節便因為這些酸都含有氧元素，認為氧是酸的來源，於是將氧命名為oxygen，意為產生酸的物質。後來，科學家們發現酸的來源是氫原子H^+（正確來說應為水合氫離子H_3O^+）。

金屬元素的氧化物為鹼性氧化物

金屬元素的氧化物如氧化納Na_2O、氧化鎂MgO等，皆屬於**離子性物質（離子結晶）**。**這些物質與水反應後會生成氫氧化物，溶於水中會使水溶液呈鹼性**。另外，這些物質與酸反應會生成鹽類，故也叫做**鹼性氧化物**。

$Na_2O+H_2O \rightarrow 2NaOH$

$CaO+H_2O \rightarrow Ca(OH)_2$

Cl：用於製作人類第一個毒氣兵器（化學兵器）的氯氣

鹵素的單質

週期表中的第17族元素，氟F、氯Cl、溴Br、碘I等，稱做**鹵素**。**鹵素的希臘語有「製作鹽」的意思**。事實上，鹵素確實可以形成許多鹽類。譬如鹵素與鈉化合後，可形成氟化鈉NaF、氯化鈉NaCl、溴化鈉NaBr、碘化鈉NaI等鹽類。**鹵素的單質為2原子分子，活性很高，能與許多元素的單質直接反應，生成鹵化物**。

鹵素的活性 氟＞氯＞溴＞碘

原子序越小的鹵素，單質的活性越強。氟、氯會與氫氣產生爆炸性反應，生成氟化氫HF、氯化氫HCl。

將氯氣通入溴化鉀水溶液，可生成**溴**。

$$2KBr + Cl_2 \rightarrow 2KCl + Br_2$$

KBr與KCl在水中會解離出K^+、Br^-、Cl^-，故可將左右兩邊與反應無關的K^+消掉，得到下方反應式。

$$2Br^- + Cl_2 \rightarrow 2Cl^- + Br_2$$

鹵素單質皆有毒

氯氣有刺激性臭味，為黃綠色氣體。**空氣中只要有0.003～0.006％的氯氣，就會侵入鼻、喉的黏膜。濃度更高時，會進入血**

液，嚴重時可能致死。氯氣在第一次世界大戰時曾用於製作毒氣。氯氣除了常用於自來水或污水的殺菌、漂白之外，也是鹽酸、漂白粉等多種無機氯化合物，以及有機氯化合物（農藥、醫藥、聚氯乙烯等）的製造原料，用途相當廣泛。氯氣溶於水後可得到**氯水**，氯水中的部分氯氣會與水反應，生成次氯酸HClO。

牙膏會添加「氟」

牙膏添加的「氟」為氟化鈉NaF或單氟磷酸鈉等氟的化合物。這些氟化物可作用於牙齒的琺瑯質，使牙齒更為堅固。

可溶解玻璃的氫氟酸

氟化氫氣體HF溶於水，製成的約50%水溶液，稱做**氫氟酸**（有時也稱做氟酸）。氫氟酸可溶解玻璃，所以自然科實驗中使用的玻璃器材，都會用氫氟酸蝕刻出刻度。氫氟酸接觸到皮膚時會造成劇烈疼痛，還會腐蝕皮膚，需特別注意，不過日常生活中接觸到的機會不大。

氯的化合物

氯化氫氣體HCl的水溶液為鹽酸。市售濃鹽酸約含有35%的氯化氫。胃液亦含有低濃度鹽酸。氯化鈉NaCl為食鹽主成分。將鈉與氯氣混合時，會直接反應生成氯化鈉。**氯與鹼性物質反應後，會生成次氯酸HClO的鹽類**。次氯酸鹽有很強的氧化力，故可用於漂白或殺菌。氯系清潔劑或除黴劑的主成分為次氯酸鈉。這類清潔劑與含鹽酸的酸性清潔劑混合時會產生氯氣，十分危險。曾有人在清掃廁所、浴室時因此而死亡。

S：燃燒後會產生有毒的〔二氧化硫〕氣體

硫本身沒有臭味

硫有許多同素異形體，最常見的黃色結晶硫為斜方硫，為有樹脂光澤的黃色結晶。另外還有單斜硫、橡膠狀的彈性硫等。

一般常見的斜方硫、單斜硫，是由硫分子S_8構成，所以硫單質的化學式應為S_8才對。然而習慣上，我們會在知道這點的前提之下，仍以「S」表示硫單質。火山口附近可以看到硫，自史前時代開始便是人類熟知的元素。人們常說溫泉區「有硫的臭味」，但那實際上是「硫化氫的臭味」，硫本身並沒有臭味。溫泉湧出的硫的沉澱物在日語中叫做「湯花」，是溫泉土產之一。以前人類會在火山地區開採工業用硫，現在則是透過石油的脫硫處理取得硫，不會特地去開採硫。

硫在化學上是相當活潑的元素，高溫時的活性非常高。硫能與金、鉑以外之大多數金屬反應，生成硫化物；也能與氧、氫、碳等非金屬反應，生成二氧化硫SO_2（亞硫酸氣）、硫化氫H_2S、二硫化碳CS_2。

硫燃燒時會產生藍色火焰

硫為易燃物質。硫點火後會燃燒並產生藍色火焰，生成二氧化硫SO_2。二氧化硫別名為亞硫酸氣，為無色、有刺激性臭味的有毒氣體。

二氧化硫溶於水會生成亞硫酸H_2SO_3。過去日本曾發生過多起公害問題，四大公害事件中的四日市哮喘事件也是其中之一。從1960年至1972年間，日本三重縣四日市工業區產生的大氣污染，造成了集體哮喘發作，對患者的氣管與肺造成了嚴重傷害。原因為工業區燃燒了含硫石油，產生了大量二氧化硫。

當時各地都發起了反公害運動，政府也推動許多政策應對，包括各種脫硫技術，如在燃燒石油前預先去除含硫成分、去除廢氣中的二氧化硫再排放等，以改善公害問題。

用於警示瓦斯漏氣的臭味劑為硫化物

蒜、洋蔥、山葵、蘿蔔、高麗菜的獨特氣味或刺激性臭味，皆源自硫化物。為了讓瓦斯用戶在瓦斯漏氣時察覺，瓦斯公司會在瓦斯內混入有惡臭的硫化物。為方便檢測出天然氣（主成分為甲烷CH_4），丙烷氣（主成分為丙烷C_3H_8）的漏氣，一般會添加臭味強烈的物質。譬如東京瓦斯會加入第三丁硫醇（TBM）這種有機硫化物，聞起來像是洋蔥腐敗的味道。

硫的化合物

製備硫化氫H_2S時，可將硫化鐵（II）投入稀硫酸中。硫化氫為易溶於水，比空氣重的氣體。無色，卻有惡臭（腐敗雞蛋臭），有毒。銀碰到硫化氫時會變成黑色的硫化銀。

濃硫酸為濃度約98%的硫酸H_2SO_4，為無色、有黏性、無揮發性的液體，吸濕性很強，故可用於製作乾燥劑。熱濃硫酸有很強的氧化作用，可溶解銅與銀。濃硫酸還有脫水作用，可將有機化合物中的氫與氧以水的形式去除。以水稀釋濃硫酸時，可得到稀硫酸並產生大量的熱。二氧化硫氧化成三氧化硫再溶於水中，便可得到硫酸。

Na：可以用美工刀輕鬆切開的柔軟金屬

鈉為鹼金屬（第1族Li以下）的代表

鈉為銀白色金屬，有密度小，柔軟、熔點低等特徵。活性高，能與水劇烈反應生成氫氣與氫氧化物。氫氧化物為強鹼性。鈉粒投入水中時，會產生劇烈反應，並在水面上奔馳。鉀粒投入水中時，會起火燃燒並產生紫色火焰。

$2Na+2H_2O \rightarrow 2NaOH+H_2$

為避免與氧氣及水接觸，一般會將鹼金屬貯存在煤油內。若將鹼金屬的化合物放入無色火焰內加熱，可觀察到焰色反應。**鋰為紅色、鈉為黃色、鉀為紫紅色**。

我讀高中時，曾有個教師跟我說「左卷同學，幫我把這些鈉處理掉」，並將上面還沾滿煤油、表面硬梆梆的棒狀鈉金屬塊放進瓶中拿給我。於是我走到橋上，將小塊鈉投入流經校園的小河，鈉馬上爆炸，炸出一根水柱，我接著將大塊鈉投入小河，又炸出了一個更大的水柱。

當時我還以為把鈉丟入水中就和把氫氧化鈉丟入水中一樣，應該不會有什麼劇烈反應才對。幸好當時沒有看到魚浮起來，應該是小河裡沒有魚吧。

被《Mad Science》的實驗照片吸住目光

我參加美國的自然科學教育研討會時，逛到一個展示自然科教材的攤位，看到一本叫做《Mad Science》的大開本書籍，作者為Gray。我翻了翻這本書，看到了許多令人讚嘆的照片。下方照片中，左方的反應容器往上噴出白煙。白煙籠罩著一個垂下的塑膠網袋，袋內有爆米花。反應容器接著一條管路，用來通入氣體。管路的另一端接著右方的「氯氣」氣瓶。這個實驗想表達的是「超危險的製鹽法」。這個實驗可製造出氯化鈉，並用這些氯化鈉為爆米花增添鹹味。雖然照片中看不到反應容器內有什麼東西，但想必應該是有塊狀的金屬鈉吧。若吹入氯氣，鈉便會出現劇烈反應，產生大量熱能，並生成氯化鈉往上噴。後來，我的朋友高橋信夫把這本書翻譯成了日文。

圖 4-2　超危險的製鹽法

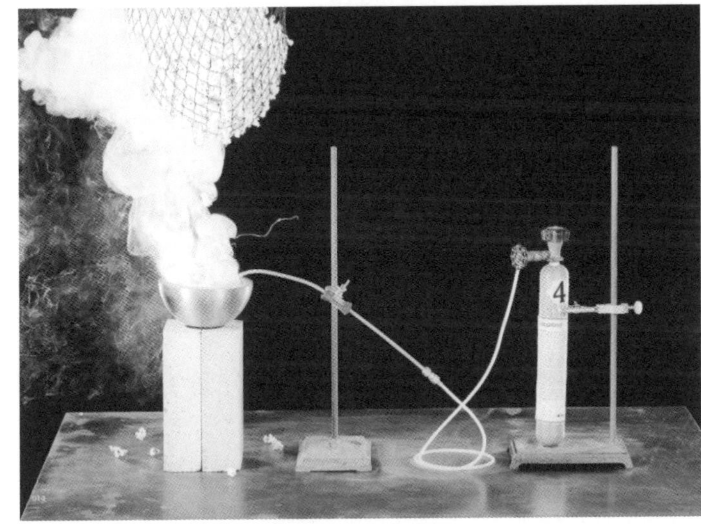

日文版《Mad Science—火焰與煙霧與爆炸聲的科學實驗54》O'Reilly Japan, 2010

氯化鈉為常見的鈉化合物

岩鹽與海水中都含有氯化鈉。氯化鈉為調味用食鹽的主要成分，是最常見的鈉化合物。

鮮味調味料麩胺酸鈉、發粉內的碳酸氫鈉 $NaHCO_3$、肥皂等，皆為鈉化合物。碳酸氫鈉溶於水中時呈弱鹼性。碳酸氫鈉與酸混合，或是加熱時，皆會產生二氧化碳，故可用於製作發粉或發泡性入浴劑。**清潔劑或食品添加物的成分標示中，若看到「～鈉」或「～Na」，這些物質便是鈉化合物**。

植物灰燼的主成分是什麼？

植物燃燒後，植物體內含有的碳、氫、氮、硫等元素，會與氧元素結合，飄散至空氣中。

剩下的灰燼為鈣、鉀、鎂、鈉等金屬元素的氧化物或碳酸鹽。草木灰約含有10～30%的碳酸鉀 K_2CO_3；昆布或裙帶菜等海藻燒成的灰，主成分則是碳酸鈉 Na_2CO_3。

比起鹽酸，氫氧化鈉還比較恐怖

氫氧化鈉 NaOH 為白色固體，若靜置於空氣中會吸收水蒸氣，並溶解於這些水中（潮解）。

氫氧化鈉水溶液呈強鹼性，皮膚接觸到氫氧化鈉時會有黏滑感，這是因為皮膚上的蛋白質溶解在氫氧化鈉溶液中。若溶液進入眼睛會有劇烈疼痛，嚴重時可能失明。

因此氫氧化鈉也叫做苛性鈉（苛性＝會腐蝕皮膚）。工業上製造氫氧化鈉時，會電解氯化鈉水溶液。

Mg：燃燒時會產生刺眼光芒，並生成氧化鎂的金屬

第 2 族為鹼土金屬

第2族的所有金屬元素，最外層皆有2個電子，易形成2價陽離子。第2族元素亦稱做**鹼土金屬**。

有時會將鈹與鎂排除在鹼土金屬之外，因為鈹與鎂的性質與其他第2族元素略有差異。像是「鈹與鎂的單質無焰色反應」、「鈹與鎂的單質在常溫下不易與水反應」、「鈹與鎂的氫氧化物難溶於水」、「鈹與鎂的硫酸鹽易溶於水」等。

由海水的氯化鎂提煉出鎂

鎂是實用金屬中，地殼含量第三的元素，僅次於鋁、鐵。海水中含有大量的鎂。從海水中分離出氯化鎂，再對其進行**熔鹽電解**（加熱固態的氯化鎂，使其熔化成液態再電解），便可得到金屬鎂。一半的鎂會用在製造以鋁為主成分之合金（譬如杜拉鋁）的添加物。以輕量化、壓鑄製造為目的的需求也在增加中。所謂的壓鑄，是將熔化的液態金屬加壓注入模具內凝固再取出的鑄造方式。汽車用的輪框、轉向機柱、座椅框架、筆記型電腦的外框、攝影機、行動電話等，都會用到以這種方式鑄造的零件。

鎂在空氣中會劇烈燃燒

鎂會在燃燒時釋放出白色的強烈光芒，並生成白色的氧化鎂MgO。

$2Mg+O_2 \rightarrow 2MgO$

以前鎂曾用於相機的閃光燈。粉狀、絲狀、帶狀的鎂點火後會與氧結合，產生高溫與閃光。現在鎂燃燒的火花仍用於煙火，這些火花就像在高空四散的「星星」一樣。煙火的顏色源自元素的焰色反應，其中某些煙火會發出銀（白）色的閃亮光芒，**這些光芒來自鎂或鋁等金屬粉末在高溫下的燃燒。其他的第2族元素也會在空氣中劇烈燃燒**。

鎂這種金屬與氧的結合力很強，即使在二氧化碳中，也可以搶走二氧化碳的氧，持續燃燒。

$CO_2+2Mg \rightarrow 2MgO+C$

鎂與熱水的反應

會產生氫氣，並生成氫氧化物。

$Mg+2H_2O \rightarrow Mg(OH)_2+H_2$

水的「軟硬」

飲用水可依照硬度分為硬水、軟水等。硬水中的鈣、鎂含量相對較多，軟水則較少。日本的飲用水幾乎都是軟水。

若喝下含大量鎂的水，可能會腹瀉。鎂的化合物可用於製作防止便秘的瀉劑。

Ca：骨骼、牙齒、外殼等生物體主成分之一

鹼土金屬的代表性元素

鹼土金屬的單質活性僅次於鹼金屬，除了鈹與鎂之外，鹼土金屬皆可在室溫下與水反應產生氫氣，並生成氫氧化物。

$Ca+2H_2O \rightarrow Ca(OH)2+H_2$

除了鈹與鎂之外，其他鹼土金屬的氫氧化物皆為強鹼。但不同氫氧化物在水中的溶解度也不一樣，原子序越大的元素，越容易溶解。**除了鈹與鎂之外，鹼土金屬元素皆可表現出焰色反應。鈣為橙紅色、鍶為深紅色、鋇為黃綠色**。

石灰石、蛋殼、貝殼的主成分為碳酸鈣

碳酸鈣$CaCO_3$不溶於水。石灰石的主成分為碳酸鈣，是水泥的原料。蛋殼與貝殼的主成分也是碳酸鈣。**鈣離子是我們體內含量最豐富的金屬離子**。磷酸鈣可構成我們的骨骼與牙齒，鈣離子在細胞與體液內也扮演著重要角色。體重50 kg的人，體內約有1 kg的鈣。其中有99% 在骨骼與牙齒內，剩下的1% 則在血液或細胞內。**碳酸鈣與稀鹽酸反應後會生成二氧化碳，溶解於鹽酸內會生成氯化鈣$Ca\ Cl_2$**。

$CaCO_3+2HCl \rightarrow CaCl_2+H_2O+CO_2$

氯化鈣常用於製作乾燥劑。無水氯化鈣有吸濕性，其結晶能與水強力結合，形成水合物。

生石灰與熟石灰

石灰石經高溫燒烤，會釋放出二氧化碳，轉變成生石灰（氧化鈣）CaO。

$CaCO_3 \rightarrow CaO + CO_2$

生石灰加水後，會釋放出熱，轉變成熟石灰（氫氧化鈣）。

$CaO + H_2O \rightarrow Ca(OH)_2$

圖 4-3 生石灰與熟石灰

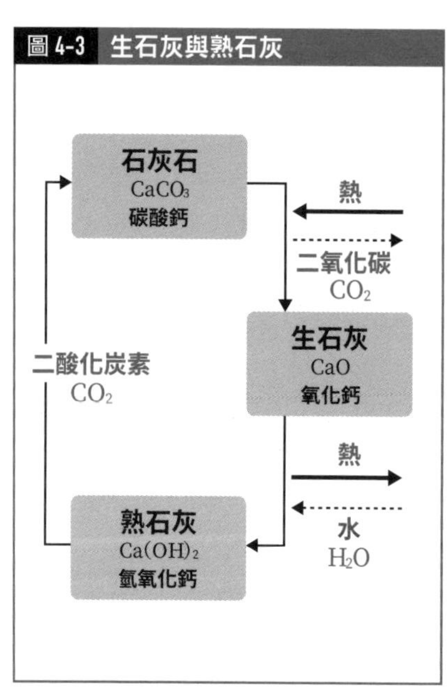

因此，生石灰常用於製作仙貝等包裝零食的乾燥劑。另外，生石灰與水的反應為放熱反應，拉繩子後便能加熱的便當，就是這種反應的應用。該裝置會將生石灰與水分別放在不同包裝，拉繩時可混合兩者，使氧化鈣與水反應成氫氧化鈣，並釋放熱能。熟石灰過去常用於畫體育場的白線。但因為熟石灰為強鹼，若進入傷口或眼睛的話會危害人體，現在已改用碳酸鈣粉末。

用於確認二氧化碳存在的石灰水

石灰水為熟石灰的水溶液。自然科學實驗中，常用石灰水來確認試樣中是否含二氧化碳。若將二氧化碳通入石灰水，會產生白色沉澱。**這些沉澱物與石灰石一樣皆屬於碳酸鈣**。

$Ca(OH)_2+CO_2 \rightarrow CaCO_3+H_2O$

鐘乳洞的成因

鐘乳洞是在石灰岩質土地生成的空洞。石灰岩（碳酸鈣）不溶於水，但如果存在過量二氧化碳，碳酸鈣便會轉變成碳酸氫鈣 $Ca(HCO_3)_2$ 溶解。碳酸鈣溶解後，便會形成巨大空洞。

$CaCO_3+CO_2+H_2O \rightarrow Ca(HCO_3)_2$

這裡的重點在於，**碳酸鈣難溶於水，但在含有二氧化碳的酸性水溶液中，會轉變成碳酸氫鈣溶解於水中**。我們可以用以下實驗來確認這點。

在試管內倒入用水稀釋成一半濃度的石灰水，然後插入吸管吹氣，使其變為白色混濁狀。吐出的氣體中含有二氧化碳，故會產生碳酸鈣沉澱。若繼續吹氣，則沉澱會消失。因為碳酸鈣轉變成了碳酸氫鈣，溶解於溶液中。若碳酸氫鈣水溶液中的二氧化碳或水，因某些理由而離開溶液，就會發生逆反應，析出碳酸鈣。

$Ca(HCO_3)_2 \rightarrow CaCO_3+CO_2+H_2O$

形狀如冰柱般的鐘乳石，以及如竹筍般冒出地面的**石筍**，就是這樣形成的。這些都是溶有碳酸氫鈣的水，析出碳酸鈣而形成的產物，需要很長的歲月才能長大。

石膏為硫酸鈣

硫酸鈣二水合物 $CaSO_4 \cdot 2H_2O$ 也叫做**石膏**。石膏經燒烤後，會變成燒石膏 $CaSO_4 \cdot 1/2H_2O$。燒石膏與水混合揉捏後，體積會略為增加並硬化，再度變成石膏。燒石膏的這個性質，可運用在石膏工藝、陶瓷模具等。

Al：鋁是輕金屬的代表

用量僅次於鐵的金屬

鋁為銀白色的輕金屬，柔軟而富延性、展性，可加工成很薄的鋁箔。家用鋁箔為純度99%的鋁，1日圓硬幣幾乎為100%的純鋁。鋁很輕、導電度高，故可用於製作高壓電線。鋁的導熱度也很高，故也用於製作鋁鍋、茶壺。鋁的光反射率很高，故可用於製作彎道反光鏡、天文台反射望遠鏡的鏡面等。

鋁的表面會被氧化鋁Al_2O_3形成的致密薄膜覆蓋著，這也是鋁用途廣泛的原因之一。鋁加入4%的銅、少量鎂與錳，可製成合金杜拉鋁，質輕堅固，可用於飛機機體。

鋁的製造

地殼的鋁含量相當高，僅次於氧、矽。不過，在開始使用熔鹽電解法之後，鋁才得以大量生產。因為一般方法很難去除與鋁結合力很強的氧。

1820年代時，有人曾用鉀這種還原力很強的金屬得到鋁。當時鋁是相當貴重的金屬，幾乎與金、銀相當。拿破崙三世的外衣曾使用鋁製鈕扣，並以鋁製餐具招待非常重要的貴賓，卻以金製餐具招待一般客人。1886年，美國的霍爾與法國的埃魯幾乎同時間從鋁的熔鹽中，成功以電解方式提煉出鋁。

鋁的原料為**鋁礬土**，是一種紅褐色礦石，含有52～57%的氧化鋁Al_2O_3，提煉後可得到鋁。

氧化鋁的熔點高達2000℃，要達到這樣的溫度，在技術上有些困難。於是人們開始研究能與氧化鋁混合，降低其熔點的物質，後來找到了**冰晶石 Na_3AlF_5**，可以讓熔點降至1000℃以下，使熔融與電解變得簡單許多。

冰晶石加熱成液態後，便可溶解氧化鋁。將碳電極插入溶解鹽電解，即可在陰極析出鋁。熔化的鋁會累積在電解爐底部。

由鋁礬土與冰晶石製造鋁的話，需要用到龐大電力，所以比起從鋁礦石中提煉出金屬鋁，回收鋁罐重新提煉出鋁會比較划算，所以鋁的回收相當盛行。

鋁屬於兩性金屬，可溶解於酸與鹼

鋁原子失去最外層的3個電子後，可生成3價陽離子。氧化鋁為鋁離子Al^{3+}與氧離子O^{2-}以2:3的比例組合而成，化學式為Al_2O_3。鋁與氯離子Cl^-結合而成的化合物，叫做氯化鋁$AlCl_3$。

鋁可溶解於酸性或強鹼性水溶液，並產生氫氣。

$$2Al + 6HCl \rightarrow sAlCl_3 + 3H_2$$

$$2Al + 2NaOH + 6H_2O \rightarrow 2Na[Al(OH)_4] + 3H_2$$

$Na[Al(OH)_4]$為**鋁酸鈉**，也可寫成$NaAlO_2$。

Fe：現在仍是鐵文明的時代

現在仍是鐵文明的時代

鐵是銀白色金屬，與鈷、鎳皆為代表性的**強磁性物質**（可磁化成磁石）。鐵是地殼中含量排名第四的元素。一般認為，地核大部分是由熔化的鐵構成。

鐵的應用相當廣，從建築材料到日用品，是應用最廣泛的金屬。從西元前5000年左右開始，人們就會使用鐵，現在仍是鐵的文明，而且是以鋼為中心的時代。鐵與碳混合後得到的鋼，比石頭、青銅還要硬許多，是工具、武器、建築的材料。

鐵與其他金屬（鎳、鉻、錳等）可形成各種性能優異的合金，這也是鐵用途很廣的理由之一。**人們會將各種金屬與鐵混合，補強鐵原本的缺點，進而發現鐵的新用途**。舉例來說，鐵與18%的鉻、8%的鎳混合後，可得到18-8不鏽鋼。這種合金不易生鏽，且有著美麗的銀白色表面，可在許多領域做為材料使用。

人類從鐵礦石中萃取出鐵

從地球外飛來掉在地球上的隕石中，以金屬鐵為主成分的隕石叫做隕鐵（鐵隕石）。幾乎所有鐵隕石中，都有5～15%（重量）的鎳。人類最初使用的鐵，應該就是來自隕鐵。但隕鐵的數量有限，用隕鐵製作的工具數目遠不及石器或青銅器。人類從鐵礦石提煉出鐵，或許是在鐵礦露出地面的地方焚燒東西後偶然留下的產物；或者是用銅礦石提煉銅時，剛好有鐵礦石混入其中，偶然提煉出了鐵。

鐵礦隨處可見，只要知道提煉方式，便能生產出大量且便宜的鐵。鐵礦石可分為赤鐵礦、磁鐵礦、鐵砂等，成分皆為氧化鐵。鐵器的性能比石器、青銅器優異，故可用於製作農業、工業上的工具，以及戰爭用的武器。舉例來說，鐵斧可砍伐森林，用鐵鍬開墾堅硬的土地也簡單許多。

日本的吹踏鞴煉鐵

宮崎駿導演的動畫電影《魔法公主》中，有個場景是一群賣力工作的女性在踩著踏板。踩下踏板後，風箱（鞴ㄅㄟˋ）便會將空氣吹入煉鐵的爐中。事實上，這是相當費力的工作，不大可能由女性來踩踏板，動畫中卻描繪出了這種「吹踏鞴煉鐵」，這是古代日本煉鐵的樣子。

圖 4-4 吹踏鞴煉鐵的爐

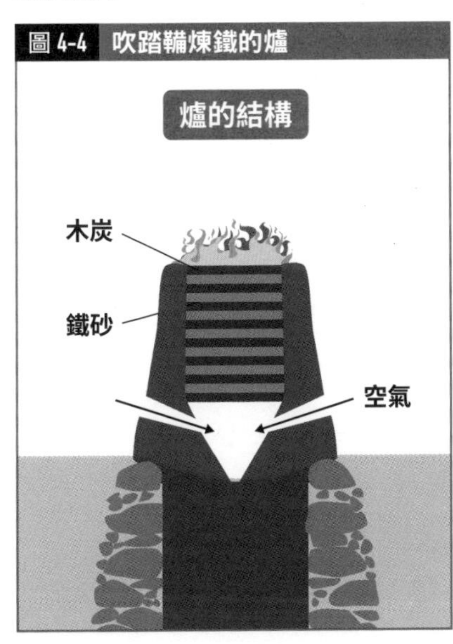

考古學家們調查煉鐵爐的遺跡，發現日本從古墳時代（約250年～592年）便開始煉鐵。古代吹踏鞴煉鐵用的爐，是在地下挖洞，然後將鐵砂與木炭一層層疊起來，結構相當簡單。後來送風由手推式風箱改成了《魔法公主》中的腳踏式風箱。隨著時代的進步，爐也跟著大型化並深入地下，形成以黏土堆疊而成的箱型爐。

吹踏鞴煉鐵的爐一旦點火，就必須在三天內持續作業，是相當費力的工作。而且煉鐵時需要與鐵砂重量相同的木炭，煉鐵完成後還需破壞整個爐。

在明治時代後期，吹踏鞴煉鐵開始被使用熔礦爐（高爐）的西式煉鐵法取代。到了大正末期，吹踏鞴煉鐵完全消失。

不過近年來，為了保存傳統技術，各地紛紛嘗試重現吹踏鞴煉鐵。另外，製作日本刀時使用的玉鋼，可用吹踏鞴煉鐵法製造，於是日本刀劍美術保存協會便在島根縣建設了吹踏鞴煉鐵，現在仍在運作中。

近代煉鐵

1897年，日本創立了國營八幡製鐵所，為日本近代煉鐵的開始。近代煉鐵會使用巨大的**熔礦爐（高爐）**，放入鐵礦（赤鐵礦〔主

圖 4-5　熔礦爐（高爐）

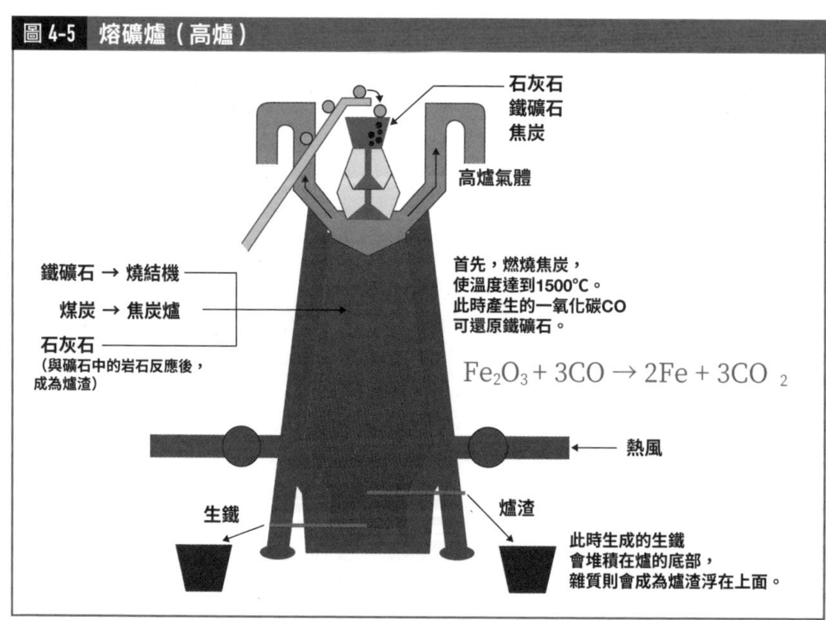
石灰石
鐵礦石
焦炭
高爐氣體
鐵礦石 → 燒結機
煤炭 → 焦炭爐
石灰石
（與礦石中的岩石反應後，成為爐渣）
首先，燃燒焦炭，
使溫度達到1500°C。
此時產生的一氧化碳CO
可還原鐵礦石。
$Fe_2O_3 + 3CO \rightarrow 2Fe + 3CO_2$
熱風
生鐵
爐渣
此時生成的生鐵
會堆積在爐的底部，
雜質則會成為爐渣浮在上面。

成分Fe_2O_3〕等）、**焦炭**（煤炭悶燒後得到的低雜質碳塊）、石灰石的混合物，然後從下方吹進熱風，燃燒焦炭。

高爐非常龐大，高度相當於30層樓的大樓。**此時產生的一氧化碳，會搶走鐵礦石內的氧，得到金屬鐵**。

此時得到的鐵叫做**生鐵**，碳元素含量高（4～5%）。高爐產出的生鐵相當脆，故會再送到轉爐，吹入氧氣燒掉碳，以調整鐵的含碳量，製造出鋼。

鋼的含碳量低（0.04～1.7%），可製成各種堅固的材料。現代社會中，鋁、鎂、鈦等新的金屬相當活躍，不過最主要的金屬材料仍是鐵。

隨處可見的鐵

鐵可用於製作性能優異的合金（由兩種以上的金屬混合而成），這也是鐵的用途很廣的原因之一。舉例來說，鐵加入鉻、鎳之後製成的合金為不鏽鋼，即使不經過特殊處理也不易生鏽。

拋棄式暖暖包、食品的抗氧化劑等都含有鐵粉，利用鐵的氧化反應發揮功能。

人體內紅血球中的血紅素，為含鐵的蛋白質。鐵在體內的氧氣運送過程中，扮演著很重要的角色。

鐵的氧化物

鐵的化合物中，鐵以2價或3價陽離子的形式存在。

水溶液中的Fe^{2+}（淡綠色）容易被氧化成Fe^{3+}（黃褐色）。

鐵的氧化物包括氧化鐵（Ⅱ）FeO、氧化鐵（Ⅲ）Fe_2O_3、氧化鐵（Ⅱ、Ⅲ）〔四氧化三鐵〕Fe_3O_4。鋼絲絨燃燒後，主要會轉變成氧化鐵（Ⅲ），$4Fe+3O_2 \rightarrow 2Fe_2O_3$

Cu：次於鐵、鋁，用量第三名的金屬

用於電線的銅

銅是柔軟且有紅色金屬光澤的金屬。自西元前3000年左右起，人類便已懂得煉銅。銅的電阻僅比銀大，卻比銀便宜許多，故常用於製作電線。

銅的展性、延性很大，導熱度也很高，故可用於製作多種加工品。另外，銅還能與多種金屬組合，製成各種合金，應用範圍相當廣泛。代表性的銅合金包括**黃銅（銅與鋅）**、**青銅（銅與錫）**等。

銅的化合物

銅離子包括銅（Ⅰ）離子Cu^{+}、銅（Ⅱ）離子Cu^{2+}。銅在空氣中受熱燃燒，會生成黑色的氧化銅（Ⅱ）。銅與氯可化合得到氯化銅（Ⅱ）$CuCl_2$。以氯氣Cl_2填滿燒瓶，然後將銅線線圈加熱、放入燒瓶中，反應後可得到無水氯化銅（Ⅱ）（不含結晶水）。這是一種黃褐色有吸濕性的結晶，溶於水中時，高濃度下呈綠色，低濃度下呈藍色。

可與氧化力強的熱濃硫酸、硝酸反應並溶解，生成硫酸銅（Ⅱ）、硝酸銅（Ⅱ）。**熱濃硫酸與銅會產生以下反應，生成二氧化硫與硫酸銅（Ⅱ）**，反應式為$Cu+2H_2SO_4 \rightarrow CuSO_4+2H_2O+SO_2$。

這個水溶液可析出藍色的硫酸銅（Ⅱ）五水合物$CuSO_4 \cdot 5H_2O$結晶。將這個結晶加熱後，會失去結晶水，變成白色粉末，吸收水後會再變回藍色。含有銅（Ⅱ）離子Cu^{2+}的水溶液與氨水或氫氧化鈉水溶液混合，即碰上氫氧根離子OH^-時，會產生藍白色的氫氧化銅（II）$Cu(OH)_2$沉澱。

$$CuSO_4 + 2NaOH \rightarrow Cu(OH)_2 + Na_2SO_4$$

氫氧化銅（II）加熱後，會轉變成氧化銅（II）。

$$Cu(OH)_2 \rightarrow CuO + H_2O$$

將硫化氫H_2S加入含有Cu^{2+}的水溶液後，會生成黑色的硫化銅（II）CuS沉澱。

為什麼奧運獎牌是金、銀、銅？

自然界的金屬中，開採出來時為單質狀態的金屬，主要包括金、銀、汞、銅、鉑等五種。其中，鉑在18世紀時才被發現，古代人並不知道鉑的存在。

自然界存在金、銀、銅的單質金屬，即自然金、自然銀、自然銅，不需以化學方式從礦石中提煉出這些金屬，所以自古以來便為人所知。古代人會撿拾、蒐集這些金屬，敲打、接合，使其成為更大的金屬塊，或者進行壓扁、磨削、加熱、熔化等加工。在人們懂得如何從礦石中提煉出銀或銅之後，因為銀與銅的離子化傾向較小，故可輕易從礦石中提煉出來。

幾乎所有金屬都是銀色，不過金為金色、銅為紅色，色調及光澤與其他金屬有很大的差異。金色的黃金一直以來都是財富的象徵。銀雖然也是銀色，但反射率很高，所以擁有格外閃亮的光澤。

金、銀、銅的熔點都在1000℃左右，容易熔化，且延性、展性都很好，適合加工，為其一大特徵。其中，金與銀又因為其稀少性而價格昂貴。此外，金的延性、展性皆非常大，一般金箔可以薄到只有0.0001 mm厚，1 g的金可以製成3000 m長的金線。

奧運選擇金、銀、銅做為獎牌，依序頒給第1～3名的選手。

Zn：鋅可用於製作波浪板與乾電池的負極

鋅與鋅的合金，黃銅

鋅為帶有一點藍色的銀白色金屬。為碳鋅電池、鹼性電池的負極材料。屬於第12族的鋅，原子序為30，故**質子數＝電子數＝30，電子組態為K層2個、L層8個、M層18個、N層2個，最外層電子數為2個，故容易轉變成Zn^{2+}的2價陽離子**。氧化鋅為ZnO、氯化鋅為$ZnCl_2$、硫酸鋅為$ZnSO_4$。

黃銅為鋅與銅的合金，容易加工，從5日圓硬幣到銅管樂器，皆以黃銅為材料。銅管樂隊brass band中的brass，就是黃銅的英語名稱。歸根究柢，銅管樂隊就是指僅使用黃銅樂器，即銅管樂器與打擊樂器組成的樂隊。

在鋼的表面鍍鋅，可製成鍍鋅鋼板，用於建材（鐵皮屋頂等）。鍍鋅鋼板的表面可以看到鋅的結晶。

鍍鋅鋼板上，鋅的離子化傾向比鐵還要大，所以與內部的鐵相比，鋅會優先被腐蝕，以保護內部的鐵。

鋅與鋁一樣，屬於兩性金屬

鋅可溶於酸性水溶液，也可溶於強鹼性水溶液，並產生氫氣。

$$Zn + 2HCl \rightarrow ZnCl_2 + H_2$$
$$Zn + 2NaOH + 2H_2O \rightarrow Na_2[Zn(OH)_4] + H_2$$

第 5 章

密度與莫耳等
物理量與計算

第 5 章概覽

化學領域中，最讓人摸不著頭緒的概念，應該是本章會提到的**莫耳**吧。前面提到，化學這門學問由計算與記憶這兩個要素組成，而莫耳可以說是化學領域中，「計算」的代表。

為什麼要把計算弄得那麼複雜呢？因為莫耳這個物質量的單位，可連接起「肉眼看不到的微觀世界，以及肉眼看得到的巨觀世界」。

自然界中有形形色色的現象，每種現象都有特定的測量單位。

舉例來說，物體移動時，測定移動距離會以「m」（公尺）為單位，測定移動花費的時間會以「秒」為單位。

化學反應中的莫耳，就相當於這裡的「m」或「秒」。莫耳可以視為「粒子（原子、分子等）數」的單位。

原子或分子屬於微觀世界，無法以肉眼觀察，無法直接計算其粒子數。使用莫耳為單位，便能掌握粒子的數目。

第5章 概覽圖

密度

$$\frac{\text{質量單位}}{\text{體積單位}} = \frac{g}{cm^3} \Rightarrow g/cm^3$$

莫耳

1 1 m o l 的粒子數 $=6.02\times10^{23}$/mol → 亞佛加厥常數

2 1 mol 物質的質量 (g) → 莫耳質量

質量百分濃度

$$\text{質量百分濃度 (\%)} = \frac{\text{溶質質量 (g)}}{\text{溶劑質量 (g)+ 溶質質量 (g)}} \times 100$$

莫耳濃度

$$\text{莫耳濃度 mol/L} = \frac{\text{溶質物質量 mol}}{\text{溶液體積 L}}$$

亞佛加厥定律／波以耳、查理定律

理想氣體與實際氣體

「輕、重」有時指的是「單位體積的質量」

密度為每 1cm^3 物質的質量 g

我們日常生活中使用的「輕、重」等形容詞有兩種意思，可能是指物體本身的質量，即「**整體質量**」；也可能是指「**單位體積的質量**」。物體可能會漂浮在水面，也可能會沉在水底。我們會說「重的物體會下沉，輕的物體會浮起」，此時的輕、重指的就是單位體積的質量。每1cm^{3}物質的質量g，稱做「**密度**」。知道一個物體的密度，便能預測它會浮起還是下沉。早在2500年前，古希臘哲學家德謨克利特便曾用原子論說明物質密度的差異，如「比較鉛與木頭，鉛內塞了許多原子，相對的，木頭的原子比較鬆散」。

那麼，若我們想求算各種固態物體（未知物質）每1 cm^{3}的質量，該怎麼做才好呢？當然，如果可以製作出大小剛好為1 cm^{3}的物體，就能直接測量其質量了。不過，並非任何物質都能簡單地製作成1cm^{3}的大小。**若要在不破壞物體的情況下，求算該物體每1 cm^{3}的質量，需測量其質量與體積，再計算「單位體積的質量」**。

舉例來說，假設某物體為393g、50cm^3。欲計算該物體每1 cm^{3}的質量，只要將393g除以50cm^{3}即可。393 g÷50cm^3=7.86 g/cm^3，所以密度為7.86g/cm^3。

也就是說，質量 ÷ 體積得到的數值，就是密度。

$$密度=\frac{質量}{體積}$$

密度單位為 g/cm^3

在計算密度、質量、體積時，需注意各個數字使用相同單位（質量單位：g，體積單位：cm^3）。請務必養成這個習慣。

$$\frac{\text{質量單位}}{\text{體積單位}} = \frac{g}{cm^3} \rightarrow g/cm^3$$

這個單位表示每1cm^3的該物質為○g，讀做**克每立方公分**。「/」表示「每1個單位有多少」的意思，相當於分數中分母與分子之間的「—」。

舉例來說，1支60日圓的鉛筆，可表示成60日圓/支；1個月有1000日圓的零用錢，可以表示成1000日圓/月。

金屬物質的密度，由金屬原子「單個質量」與「堆疊方式」、「堆疊情況」決定。即使單個原子的質量相同，堆疊得很緊密與堆疊得很鬆散，金屬的密度就不一樣。

不同種類的物質，密度也不一樣。若能算出物體的密度，可做為推斷該物體是哪種物質的線索。

圖 5-1 各種固態物質與液態物質的密度（單位為 g/cm^3）

金	19.3
鎢	19.3
汞	13.5
鉛	11.3
鐵	7.9
鈉	0.97
氯	2.2
蔗糖	1.59

木材（黑檀木）	1.1～1.3
木材（檜木）	0.49
牛乳	1.03～1.04
煤油	0.80～0.83
乙醇	0.79
汽油	0.66～0.75

密度與物體的浮沉

密度比水的密度1g/cm^{3}還要大的物質會沉到水面下，密度比1 g/ cm^{3}小的物質則會浮在水面上。冰的密度為0.92g/cm^3，所以冰會浮在水面上。新鮮雞蛋的密度為1.08~1.09 g/cm^3，所以會沉到水面下。20℃下，不同濃度的食鹽水密度分別為1%→1.005g/cm^3、5%→1.034g/cm^3、10%→1.071g/cm^3、15%→1.109g/cm^3、20%→1.149g/cm^3。15%左右的食鹽水，密度就比雞蛋大了，可使雞蛋浮在水面。

將鐵放入液態金屬汞，鐵會浮在液面上，若改放鎢的話則會沉下去。

黑檀木是用於製作高級佛壇的木材，顏色偏黑，有相當程度的重量與硬度，會沉到水面下。一般木材內有許多空隙，裡面有空氣，平均密度比水小，故會浮在水面。

加上單位計算密度

密度的單位是g/cm^3，即單位體積的質量。**密度的計算為g÷cm^3，即密度=質量÷體積**。g/cm^{3}乘上體積cm^{3}後，分子與分母的cm^{3}可互相抵銷，只剩下質量g。這表示密度×體積=質量。

那麼，1kg（=1000g）的鐵（密度7.86g/cm^3），是多少cm^{3}呢？密度單位中的cm^{3}位於分母，所以要先取密度的倒數。

$\frac{1}{密度}$=cm^3/g，若要消去分母的g，需乘上g，才能讓單位只剩下cm^3，如下所示。

$$\frac{1}{7.86}\text{cm}^3/\text{g}\times 1000\text{g}=127\ \text{cm}^3$$

原子量的概念中，會將1個氫原子的質量視為原子質量單位u

原子質量單位u

原子的質量非常小。譬如1個氫原子的質量只有0.000 000 000 000 000 000 000 001 67（$=1.67\times10^{-24}$）g。

以最輕的氫原子（僅1個質子的氫原子）為基準，衡量其他原子的質量。這就像是把氫原子當成砝碼，用天秤秤量其他粒子的質量。

由此可以得到，1個碳原子的質量為1個氫原子的12倍，1個氧原子的質量則是1個氫原子的16倍。

所以說，當我們想要描述1個原子的質量時，不會使用g或kg，而是會使用這個特殊單位。這個單位叫做**原子質量單位**，以符號u表示。1個氫原子的質量為1 u，所以我們可以這樣想，**對於各種原子而言，「該原子的質量是氫原子的多少倍」，該原子的質量單位就會等於多少**。當我們用u做為1個原子質量的單位時，u前面的數值就是**原子量**。

圖 5-2 原子的質量單位

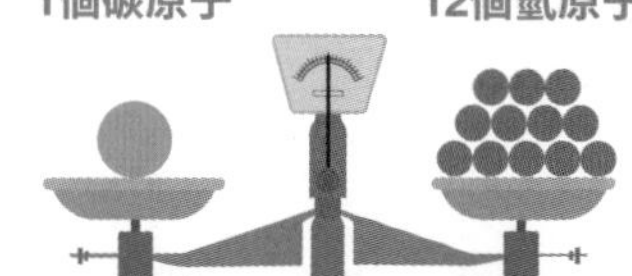

現在科學界以6個質子、6個中子，質量數為12的碳原子為標準，規定1個碳12原子的質量為12 u。這裡為了方便讀者理解，改稱「1個氫原子的質量為1 u」，不過基本概念相同。

同位素（isotope）

週期表的一格為一個元素，只有一個原子序，但有時會包含多種原子，這些原子的原子核彼此不同。原子序相同，僅代表原子核內的質子數相同。**原子核之所以不同，是因為中子數不同**。這些屬於同一元素，但中子數不同的原子，稱做「**同位素**」（**isotope**）。

有些同位素屬於**放射性同位素（radioactive isotope）**，有放射性，釋出放射線的同時，原子核會衰變成其他原子。非放射性同位素的同位素，則稱做**穩定同位素**。

自然界的同位素存在比例幾乎保持固定。以氫原子為例，穩定同位素包括氕、氘，放射性同位素包括氚。自然界中，氕的個數比例為99.985%，氘僅有0.015%。

圖 5-3 氫的同位素

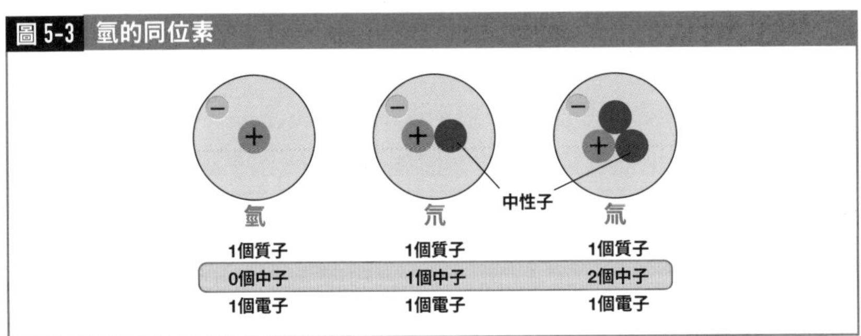

將同位素的相對原子質量乘上存在比例權重，可求得平均原子量

氯有兩種穩定同位素，質量數分別為35、37，寫成^{35}Cl、^{37}Cl。自然界中多為^{35}Cl，佔了75.8%；^{37}Cl則佔了24.2%。氯的原子量為35.5，為兩種同位素依存在比例的加權平均。

$$35.0\times0.758+37.0\times0.242=35.5$$

週期表一開始是依照原子量排序

各元素的原子量，寫在週期表每一格元素符號的下方。

在科學家們知道原子是由原子核（質子、中子）與電子構成之後，才確定了同位素的存在。在這之前，週期表上的元素是依照原子量排序。化學家們將氫原子的原子量訂為1、氧原子訂為16，依此求算其他元素的原子量。氧易與其他元素組成化合物，故能以氧為基準，求算出與氧結合之元素的原子量。在了解到原子內部結構後，化學家們才將週期表上的元素改成依照原子序排列。**原子序就是質子數。原子核的質子越多，中子也傾向越多**。1個電子的質量僅為1個質子或1個中子的1840分之1，所以質子與中子的質量幾乎佔了整個原子的全部。

對同一元素而言，中子數較多的同位素存在比例越高，該元素的原子量就越大，所以週期表上有些元素的原子量不一定會照著原子序排列（原子量大於原子序比它大的元素）。

將化合物中各原子的原子量加總，可求出式量

將化合物內所有原子的原子量加總，可得到式量（分子化合物的話，則叫做分子量）。氫分子等單質的分子也一樣。舉例來說，水分子含有2個氫原子與1個氧原子，所以水的分子量如下。

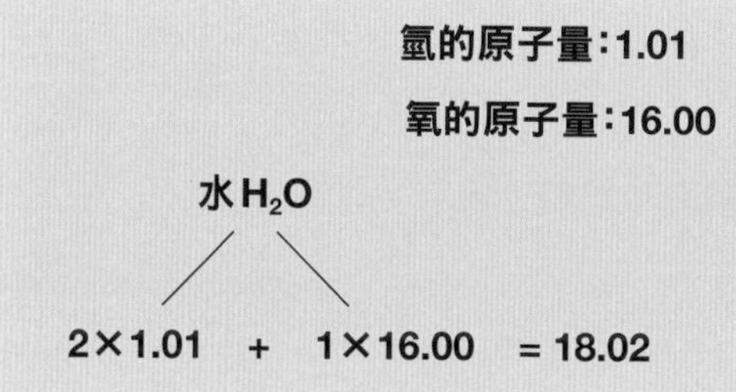

莫耳是連結微觀與巨觀的個數單位

莫耳與1打的打同樣是個數的單位

日本平常幾乎不會用到原子質量單位，這卻是相當重要的質量單位。就像我們前面提到的，1 u是1個質子（＝1個中子），也是1個氫原子的質量。與我們平常接觸到的物質質量相比，這種質量非常小。但在原子、分子、離子等構成的微觀世界中，這種質量單位很好用。

這裡讓我們試著以碳與氧的反應為例，將微觀世界的量，類比到我們熟悉的巨觀世界的量。將碳與氧一起加熱，碳會開始燃燒。四處飛舞的氧分子會撞擊碳原子集團，生成二氧化碳分子。由個數來看，1個碳原子能與1個氧分子反應，生成1個二氧化碳分子。原子量與式量皆使用原子質量單位，1個碳原子為12 u，1個氧原子為16 u，1個二氧化碳分子為44 u。

	C +	O_2 →	CO_2
	（※C、O_2、CO_2前面皆省略了1）		
個數	1個	1個	1個
以原子質量單位表示的質量	12 u	32 u	44 u

這裡要特別提到的是**莫耳（單位mol）**。莫耳這個單位就像我們說1打鉛筆時的「打」一樣。1打有12支鉛筆，**莫耳則是一個很大的數**。當初定義莫耳時，規定1莫耳的氫原子為1g、1莫耳的碳原子為12g、1莫耳的氧分子為32g、1莫耳的二氧化碳分子為

44g。**莫耳與1個2個、1打2打一樣，都是個數的單位**。

為計算又小又輕的原子、分子、離子質量而規定的個數單位 mol

計算原子數量時，會規定某個很大數量的原子為1mol。即使是1mol的氫原子，仍有1g的質量，是我們可以理解的質量。1g就是一個1日圓硬幣的質量。**我們會用物質量（單位為mol）來描述如此龐大的個數。1mol物質的質量，數字會等於該物質原子量或式量，單位則改成克（g）**。若改用mol當做個數的單位，那麼碳燃燒的物質量變化可改寫如下。

	C	+	O_2	→	CO_2
【個數】	1 mol		1 mol		1 mol
【質量】	12 g		32 g		44 g

這個化學反應式中，C、O_2、CO_2前面都沒有數字，其實省略了1。所以式中每種物質都是1mol。1mol的碳與1mol的氧反應，生成了1mol的二氧化碳。由此可看出反應中各物質的質量。C、O_2、CO_2皆為1 mol，將它們的原子量或式量加上g，就是質量了。

1mol 這個龐大數量到底有多少個？

12g的碳原子除以1個碳原子的質量1.99×10^{-23}g，便可得到1 mol這個個數單位到底代表多大的數量。1g的氫原子除以1個氫原子的質量1.67×10^{-24}g，也會得到一樣的結果。答案就是6.02×10^{23}這個龐大的數，也叫做**亞佛加厥數**。若不使用指數，則是602000000000000000000000個。1mol的粒子數為6.02×10^{23}/mol，這也叫做**亞佛加厥常數**。我教化學的時候，**常說「莫耳就是**

『一堆』」。與1打12個相比，莫耳代表的數量更加龐大。若能蒐集到那麼多個氫原子，堆成一堆，這些氫原子的質量就有1g那麼多。菜販常將蔬菜或水果堆成一堆堆，掛上「一堆多少錢」的標示。在化學的世界中，莫耳的概念就是**將原子等粒子堆成一堆堆，規定一堆的個數為亞佛加厥數，使我們能感受到這些原子集團的質量與其他物理特性**。

國際單位制對莫耳的定義

「1mol為含有6.02214076×10^{23}個化學物質之基本實體的物質量。」

這裡的基本實體，指的是在化學上符合該物質性質的最小實體，可以是原子、分子、離子、電子、其他粒子，或是這些粒子的特定組合。

以莫耳的概念描述氫與氧的反應

將物質的化學式排列組合，寫成化學反應式後，便可看出物質在原子或分子的層次上，某元素的多少原子與另一個元素的多少原子反應。比方說，氫氣與氧氣混合點火，會產生爆炸性反應生成水。

$2H_2 + O_2 \rightarrow 2H_2O$

這個反應中，2個氫分子與1個氧分子反應，生成2個水分子。但分子太小，我們很難感受到反應物與生成物的質量變化。

假設有2倍亞佛加厥數的氫分子，即2mol的氫分子。此時氫原子的數目為亞佛加厥數的4倍，質量為4g。參與反應的氧分子數為1倍亞佛加厥數，即1mol。此時氧原子的數目為亞佛加厥數的2倍，質量為32g。

運用莫耳的概念，便可從多少個原子或分子參與反應，看出有

多少mol的原子或分子參與反應，進一步了解到有多少g的物質（或是多少L的物質）參與反應。

1mol的質量為莫耳質量

1mol物質的質量（g）稱做**莫耳質量**。莫耳質量的單位是「g/mol」。**/mol意為「每1mol」，g/mol則是「每1mol的質量（g）」**。

原子量、式量加上g/mol後，就是原子、分子、離子的莫耳質量。舉例來說，碳C（原子量12）莫耳質量為12g/mol、水H_2O（原子量18）莫耳質量為18g/mol 、氯化鈉NaCl（原子量58.5）莫耳質量為58.5g/mol。若某物質的莫耳質量為*M*g/mol，那麼wg該物質的物質量n mol可由以下算式求得。

$$n \text{ mol} = \frac{w \text{ g}}{M \text{ g/mol}}$$

只要知道某物質的莫耳質量（或是原子量、式量）與質量，就可以計算出該物質的物質量。舉例來說，氧氣O_2的莫耳質量為32 g/mol，故16 g氧氣的物質量為16g/(32g/mol)=0.5mol；水H_2O的莫耳質量為18g/mol，故90g水的物質量為90g/(18 g/mol)=5mol。

莫耳質量的應用

善用莫耳質量，可讓物質量（個數）與質量的換算變簡單。

$$n \text{ mol} = \frac{w \text{ g}}{M \text{ g/mol}}\text{，所以} M \text{ g/mol} \times n \text{ mol} = w \text{ g}$$

考慮單位，將莫耳質量g/mol乘上物質量mol，便可消去分母與分子的mol，只剩下質量。也就是g/mol×mol=g

圖 5-4 莫耳的計算

【問題①】將3 mol氫氣放入足夠多的氧氣內燃燒，會產生多少g的水？設原子量H=1.0、O=16.0。

①寫出化學反應式

氫氣 ＋ 氧氣→ 水

$2H_2 + O_2 \rightarrow 2H_2O$

②由係數可以知道各物質量間的關係。

	$2H_2$	O_2	$2H_2O$
物質量	2 mol	1 mol	2 mol

③氫氣的物質量與水相同。也就是說3 mol的氫氣會生成3 mol的水。

④水的莫耳質量為 2×1.0 g/mol $+1\times16$ g/mol $=18$ g/mol

⑤3 mol的水為 3 mol$\times$18 g/mol $=$ 54g ……答

【問題②】10 g氫氣的氫氣可生成多少g的水？

①將物質量換算成質量。

	$2H_2$	O_2	$2H_2O$
物質量	2 mol		2 mol
質量	2×2.0 g		2×18 g

②設所求水的質量為 x ，計算其比例。

2×2.0 g　　2×18 g

10 g　　x g

$2\times2.0\text{ g} : 2\times18\text{ g} = 10\text{ g} : x\text{ g}$

內項相乘＝外項相乘，所以

$2\times2.0x = 18\times10$

$x = 180\div2.0 = 90(\text{g})$ ……答

※習慣後，可以運用交叉相乘法

2×2.0 g　　2×18 g

10 g　　x g

直接列出「內項相乘＝外項相乘」的式子。

質量百分濃度與 ppm、ppb 等溶液濃度表示方式

質量百分濃度

物質溶於水中時，溶液濃度會隨著溶質質量而改變。我們可以用**質量百分濃度**來表示水溶液的濃度。

假設水溶液整體的質量為100，以比例表示溶於溶液中的溶質質量，即為**質量百分濃度**。

$$\textbf{質量百分濃度(\%)} = \frac{\text{溶質質量(g)}}{\text{溶液質量(g)}} \times 100$$

$$= \frac{\text{溶質質量(g)}}{\text{溶劑質量(g)+溶質質量(g)}} \times 100$$

濃鹽酸的藥瓶標籤上會標示「氯化氫……35.0%」，表示這瓶鹽酸中，氯化氫氣體的質量百分濃度為35.0%。舉例來說，假設我們將25 g蔗糖溶於100 g水，試計算質量百分濃度。這裡要注意的是，溶液的質量並不是100 g。溶液質量為水與蔗糖的加總，為100 g+25 g=125 g。

$$\frac{25\text{ g}}{100\text{ g}+25\text{ g}} \times 100 = 20(\%)$$

圖 5-5 質量百分濃度的相關計算

【問題】 以水稀釋質量百分濃度為14%的100 g蔗糖水溶液，使其質量百分濃度降為8%，需加入多少水？

設14%的100 g蔗糖水溶液中溶解的蔗糖質量為x g。
心算便可得知答案是14 g，為求保險還是列出式子確認。

$$14(\%)=\frac{x\,\mathrm{g}}{100\,\mathrm{g}}\times 100 \qquad x=14(\mathrm{g})$$

設稀釋時使用了質量為y g的水，則

$$8(\%)=\frac{14\,\mathrm{g}}{100\,\mathrm{g}+y\,\mathrm{g}}\times 100$$

$$800+8y=1400$$

$8y=600 \qquad y=75(\mathrm{g})$ ……**答**

微量成分的濃度

我們會用ppm、ppb等單位來表示微量成分的濃度。**ppm表示百萬分之一，1ppm相當於1×10^{-4}%，即1kg溶液中含有1mg溶質的濃度**。ppm為part(s)（一部分）per（～每）million（100萬）的簡稱，為百萬分率的單位。配置10%紅色食用色素溶液，取1滴溶液與9滴水混合，可得到1%溶液（稀釋10倍）。

如果稀釋4次，每次稀釋10倍，可得到0.0001%，也就是1 ppm。此時肉眼已看不到色素的紅色，這也是機器檢出的濃度極限。也就是說，即使看不到顏色，水中仍含有1 ppm的食用色素，我們可以用1 ppm來表示此時食用色素的濃度。

近年來，我們越來越需要描述極低的濃度，譬如ppb為十億分之一，ppt為一兆分之一。

除了質量百分濃度之外，還有莫耳濃度這種溶液濃度表示方式

莫耳濃度

莫耳濃度為表示1 L溶液內有多少物質量的濃度（單位符號為mol/L）。如果1 L溶液內溶有0.1 mol的溶質，濃度就是0.1 mol/L；如果溶有5 mol的溶質，濃度就是5 mol/L。

$$莫耳濃度\ mol/L = \frac{溶質的物質量\ mol}{溶液體積\ L}$$

100 mL（=0.1 L）的1 mol/L水溶液中，溶質的物質量為1 mol/L×0.1 L=0.1 mol。

圖 5-6 莫耳濃度的計算

【問題】 將2 g的氫氧化鈉NaOH溶於水中，配置成100 mL的溶液，這個溶液的莫耳濃度是多少mol/L？設NaOH的式量為40。

計算莫耳濃度時，需考慮溶液為1 L的情況。

1 L(=1000 mL）的這種溶液中，溶解的NaOH為 $2\ g \times \frac{1000\ mL}{100\ mL} = 20\ g$

接下來只要算出20 g的NaOH是多少mol即可。
設所求物質量為x mol，因為NaOH的莫耳質量為40 g/mol，所以

$$x = \frac{w}{M} = \frac{20\ g}{40\ g/mol} = 0.5\ mol$$

(答)0.5 mol/L

如何配置 1.00 mol/L 水溶液

NaCl的莫耳質量為58.5 g/mol，欲配置100 mL的1.00 mol/L氯化鈉水溶液，需取0.1 mol，即5.85 g的NaCl溶於水中，再加水使溶液體積增加至100 mL。具體來說，需準備溶質物質、玻璃燒杯、量筒、純水。若希望濃度精確，則需用到量瓶。容器刻度的精準度依序為量瓶＞量筒＞燒杯。

舉例來說，若要配置100mL（0.1 L）的1.00mol/L氯化鈉NaCl水溶液，需準備1.00mol/L×0.1 L=0.100 mol的NaCl。NaCl的莫耳質量為58.5 g/mol，故0.100 mol NaCl質量為58.5 g/mol×0.100 mol=5.85g。將5.85 g的NaCl溶於水中，再加水使溶液體積增加至100 mL，即可配置出100 mL的1.00 mol/L氯化鈉水溶液。

圖 5-7 如何配置 100 mL 的 1.00 mol/L 氯化鈉水溶液

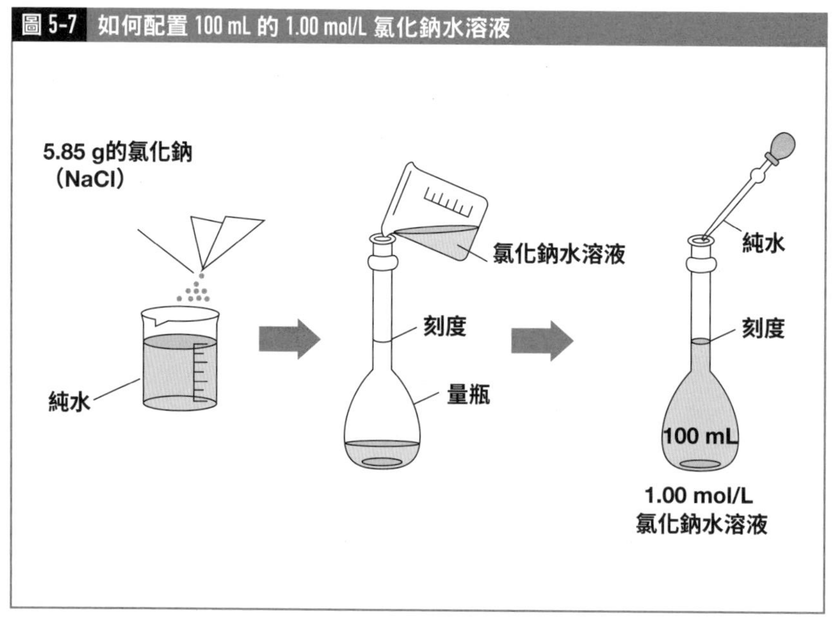

將質量百分濃度換算成莫耳濃度

思考溶液中反應的問題時，質量百分濃度相當不方便。此時會改用能提示我們參與反應之溶質粒子數，即物質量的莫耳濃度。

欲將質量百分濃度換算成莫耳濃度時，可考慮1L水溶液時的情形。

莫耳濃度mol/L為1 L水溶液中，溶質的物質量mol。故只要知道1 L水溶液中含有多少g的溶質質量，便能求出物質量mol。

質量百分濃度為「**溶質在溶液中的質量比例**」。此時，物質量n mol、質量wg、物質量Mg/mol之間，關係為n mol=(wg)/(M g/mol)。

圖 5-8 求算莫耳濃度

【問題】 20%氫氧化鈉水溶液（密度1.2 g/cm^3）
的莫耳濃度是多少mol/L？設NaOH的式量為40。

首先，假設水溶液為 1 L(＝1000 cm^3)

體積cm^{3}乘上密度 g/cm^3 後可得到質量 g

1 L水溶液的質量為 1000 cm^3 × 1.2 g/cm^3 ＝ 1200 g

其中有20%為溶質NaOH，1200 g × $\frac{20}{100}$ = 240(g)

設所求NaOH的物質量為x mol，則

$$x = \frac{w}{M} = \frac{240\text{g}}{40\text{ g/mol}} = 6\text{ mol}$$

(答)6 mol/L

由莫耳濃度可以得知溶液中參與反應之溶質的數量關係

若我們知道溶液的莫耳濃度，只要再知道體積，就可以知道溶液內含有多少mol的物質，以及當溶液發生化學反應時，會有多少mol的物質參與反應。

知道有多少mol的物質參與反應，就可以知道有多少g（或是多少L）的物質會參與反應。

圖 5-9 由莫耳濃度求算氯化銀沉澱的質量

【問題】 200 mL的0.100 mol/L硝酸銀$AgNO_3$水溶液，與100 mL的0.300 mol/L氯化鈉NaCl水溶液混合後，生成的氯化銀AgCl沉澱質量為多少g？設原子量Cl=35.5、Ag=108。（取3位有效數字）

本反應中，僅AgCl為不溶於水的沉澱物（白色）。

$AgNO_3 + NaCl \rightarrow AgCl + NaNO_3$

實際發生的反應為 $Ag^+ + Cl^- \rightarrow AgCl$

Ag^+與Cl^-參與反應的物質量為1:1。

物質量較少的物質會完全反應，並生成相同物質量的AgCl。

Ag^+物質量為 0.100 mol/ L × 0.200 L ＝ 0.0200 mol

Cl^-物質量為 0.300 mol/ L × 0.100 L ＝ 0.0300 mol

Ag^+的物質量較少，故 Ag^+會完全反應。未參與反應、殘留下來的 Cl^-為

0.0300 mol － 0.0200 mol = 0.0100 mol

故可生成 0.0200 mol 的AgCl

AgCl的莫耳質量為 143.5 g/mol，故生成的AgCl沉澱質量為

143.5 g/mol × 0.0200 mol ＝ 2.87 g

不論是哪種氣體，1mol 氣體的體積皆相同

亞佛加厥定律

當氣體的溫度或壓力改變時，氣體的體積也會改變。這裡讓我們考慮氣體在同一條件（同溫、同壓）下的體積。

同溫、同壓下，在同一體積內的氣體分子數皆相同，與氣體的種類無關。「同溫、同壓下，同體積氣體含有相同數目的分子」就是所謂的**亞佛加厥定律**。

舉例來說，0℃、1013 hPa（1 atm）下，1 mol氣體的體積為22.4 L，與氣體種類無關。若已知某氣體在0℃、1013 hPa下的體積，便可計算出該氣體的物質量如下。

$$物質量=\frac{氣體體積\ L}{22.4\ L/mol}$$

不管是氫氣這種很輕的氣體，還是式量為氫氣16倍的氧氣，1 mol皆為22 L。1 mol氫氣H_2為2 g，1 mol氧氣O_2為32 g。將氣體分子的式量加上g，就是1 mol的質量。

圖 5-10 1 mol 的氫氣與氧氣

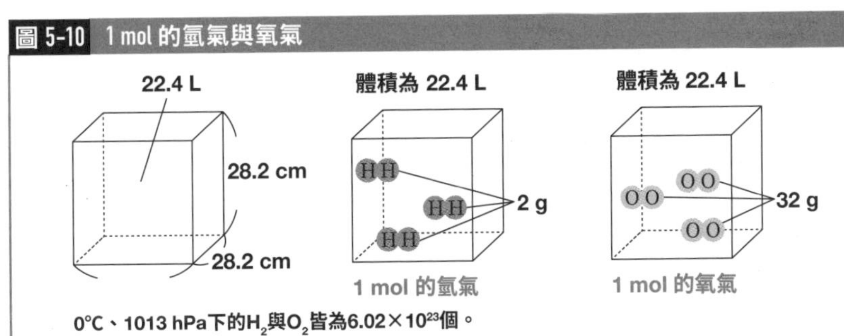

0℃、1013 hPa下的H_2與O_2皆為6.02×10^{23}個。

圖 5-11 丙烷燃燒的計算問題

【問題】 丙烷 C_3H_8 燃燒後會生成二氧化碳與水。
設原子量C=12、O=16、H=1.0。

(1)請寫下這個反應的化學反應式。
(2)燃燒11 g的丙烷後，會生成多少g的水？
(3)0°C、1013 hPa下為1.0 L的丙烷，
燃燒時需要的空氣體積為多少L？
設空氣中含有的氧氣體積比例為20%。

(1)化學反應式如下。

$$C_3H_8 + 5O_2 \rightarrow 3CO_2 + 4H_2O$$

(2) 題目給定的是丙烷的質量，所求為水的質量。我們可以由化學反應式的係數，得知各物質量的關係，並將其寫在丙烷、水化學式的下方，然後計算出對應的質量。
接著在下方計算題目所求的質量。設生成的水的質量為x g。

	C_3H_8	+	$5O_2$	→	$3CO_2$	+	$4H_2O$
	1 mol						4 mol
質量	1×44 g						4×18 g
題目的質量	11 g						x g

由比例式或交叉相乘，可以得到 $1 \times 44x = 4 \times 18 \times 11$
故 $x = 18(\mathrm{g})$

(3) 題目給定的是丙烷的體積，所求為氧氣的質量。我們可以由化學反應式的係數，得知各物質量的關係，並將其寫在丙烷、氧氣化學式的下方，然後計算出對應的體積。接著在下方計算題目所求的體積。設生成的水的質量為y L。

	C_3H_8	+	$5O_2$	→	$3CO_2$	+	$4H_2O$
	1 mol		5 mol		3 mol		4 mol
質量	1		5				
題目的質量	1.0 L		y L				

由比例式或交叉相乘，可以得到 $1 \times y = 5 \times 1.0$
故 $y = 5.0(\mathrm{L})$

空氣中的氧氣體積比例為20%，所以空氣體積為內含氧氣體積的5倍，即25 L。計算式為

$$5.0\ \mathrm{L} \times \frac{100}{20} = 25\ \mathrm{L}$$

由波以耳、查理定律可以知道，氣體的分子運動情況與絕對溫度！

四處飛舞的氣體分子

分子運動論會從微觀角度關注每個氣體分子。氣體內有許多四處飛舞的分子。氣體的溫度越高，分子的速度就越快。換言之，**溫度越高，氣體的平均動能就越高；溫度越低，氣體的平均動能就越低。**之所以說是「平均」，是因為高溫氣體中有速度快的分子，也有速度慢的分子。不同溫度下，氣體分子的速度分布也不一樣。與低溫時相比，高溫時速度快的分子也比較多。所以我們要考慮的是速度分布的平均。

氣體壓力的成因與氣體分子運動

圖 5-12 氣體的壓力

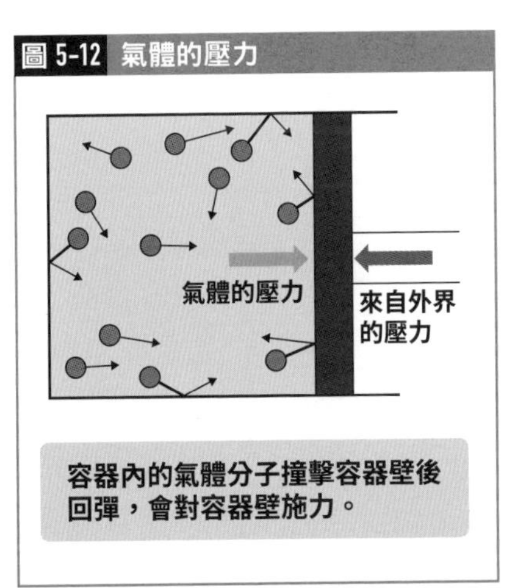

容器內的氣體分子撞擊容器壁後回彈，會對容器壁施力。

運動中的氣體分子撞擊容器壁時，會對容器壁施力。此時，作用於單位面積（1 m^2）上的力，就是**壓力**。**壓力的單位為**帕斯卡（簡稱帕，符號為Pa）。

為1 N的力施加在1m^2上所產生的壓力，即為1 Pa。也就是說**1Pa=1 N/m^2**。天氣預報中提到的氣壓若以帕為單位，數字會過大，所以一般會改用百帕（符號為hPa[1 hPa=100 Pa]）表示。

波以耳定律

氣體的壓力與體積間有以下關係**「溫度固定時，氣體體積V與壓力P成反比」**。這個關係叫做**波以耳定律**。這個關係可以寫成PV=k（k為固定值）。

當氣體體積膨脹成2倍時，單位體積含有的氣體分子數會變成原來的一半，撞擊容器壁的分子數也減為一半。因此，溫度固定時，氣體壓力也會減半。

若增加外界壓力（如前頁圖般從外界施力），氣體體積會縮小。此時單位體積的氣體分子數較多，所以撞擊容器壁的分子數也會增加，也就是說，**體積縮小後，壓力會增加**。

圖 5-13 波以耳定律

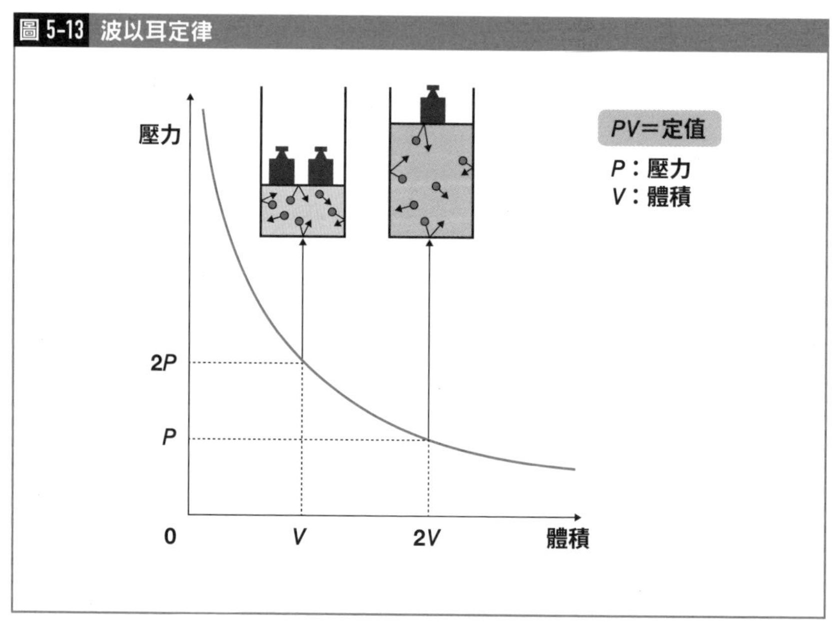

查理定律

氣體的體積與溫度間有以下關係**「壓力固定時，溫度t℃每上升1℃，氣體體積V的增加量為0℃時體積V0的1/273」**。這個關係叫做查理定律。

溫度升高時，氣體分子的熱運動速度會增加，氣體分子撞擊容器壁的壓力也會增加。若周圍的壓力保持固定，容器內氣體的體積便會增加。

考慮查理定律的極值情況…

假設查理定律在任何溫度下皆成立。這表示，當溫度下降時，體積也會跟著減少，而當T=-273℃時，V=0。體積不可能為負，故可得知**不存在-273℃以下的溫度**。

圖 5-14 查理定律

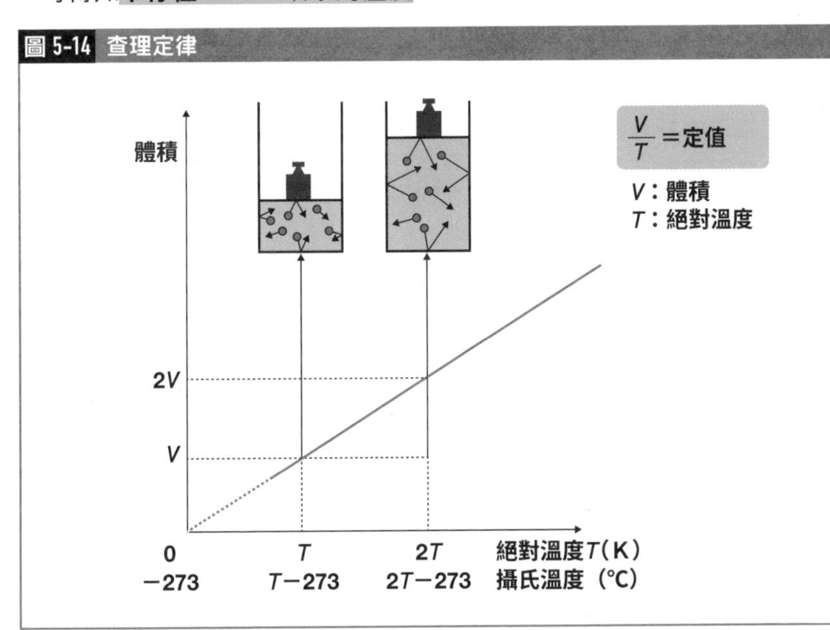

英國的克耳文男爵認為，-273℃為最低溫度，稱其為**絕對零度**。若以此溫度為基準，設定溫度間隔與攝氏溫度相同，得到的溫標就叫做**絕對溫度**。

絕對溫度的單位符號為**K**（讀做克耳文）。若固定氣體體積，那麼在絕對零度時，壓力為0。也就是說，分子撞擊容器壁的熱運動會停止下來。因此，物質的溫度無法低於這個溫度。以絕對溫標作圖時，圖形會通過原點，所以查理定律也可以寫成**「壓力固定時，氣體體積V與絕對溫度T成正比」**。設絕對溫度為T，則查理定律可以表示成V=k' T或V/T=k'（k'為定值）。

絕對溫度T與攝氏溫度t之間，有T=t+273的關係。且在溫度極低的環境下，某些物質會表現出超導、超流體等室溫下觀察不到的特殊現象。

微觀下的溫度效應

物質由原子、分子、離子等構成。在思考溫度與熱的影響時，這些粒子的行為都一樣，所以以下我們用分子來說明。

分子的運動一直都很激烈而亂無章法。這種運動叫做**熱運動**。譬如**固態物質會朝各個方向振動**。

微觀世界下的溫度，代表分子運動的激烈程度。運動得越激烈，物質就越高溫；不激烈的話，物質就比較低溫。

所謂的溫度下降，指的是分子運動越來越緩和，最終會靜止不動。

分子停止運動的溫度為-273.15℃，不存在比這低的溫度。

那麼溫度有上限嗎？分子運動得越激烈，溫度就越高，可以是幾萬度、幾億度、幾兆度（此時分子會崩毀，呈**電漿**狀態）。

波以耳定律與查理定律的組合

波以耳定律指出，溫度固定時，質量固定的氣體，體積V與壓力P成反比。

若將壓力從P_1轉變成P_2，使體積從V_1變成V_2，則以下等式成立。

$$P_1V_1 = P_2V_2 = \text{定值}$$

查理定律指出，壓力固定時，氣體的絕對溫度T與體積V成正比。

若將溫度從T_1轉變成T_2，使體積從V_1變成V_2，則以下等式成立。

$$\frac{V_1}{T_1} = \frac{V_2}{T_2} = \text{定值}$$

將波以耳定律與查理定律組合在一起，可以得到**波以耳—查理定律**。即「**質量固定的氣體，氣體體積V與絕對溫度T成正比，與壓力P成反比**」。

$$\frac{PV}{T} = \text{定值}$$

若將壓力從P_1轉變成P_2，將溫度從T_1轉變成T_2，使體積從V_1變成V_2，則以下等式成立。

$$\frac{P_1V_1}{T_1} = \frac{P_2V_2}{T_2} = \text{定值}$$

使用波以耳－查理定律，**溫度T必須使用絕對溫標，且等號左邊與右邊的壓力、體積需使用相同單位**。

從波以耳—查理定律到理想氣體方程式

假設氣體的物質量為1mol。**此時氣體的質量為式量（分子量）加上單位g，在0℃、1013 hPa（=1 atm）時，體積為22.4 L**。設氣體物質量為1 mol時，以下定值為理想氣體常數R。

$\frac{PV}{T}$=定值=R　　，即$PV=RT$

若氣體物質量為n mol，那麼體積會是1 mol時的n倍。

所以等式PV=nRT成立。這就是**理想氣體方程式**。

理想氣體常數

273 K（0 ℃）、1013 hPa時，氣體體積為22.4 L/mol（1 hPa=100 Pa）。另設氣體的物質量為1 mol，氣體常數為R，將這些數字代入理想氣體方程式計算如下。

$$R=\frac{PV}{T}=\frac{1013\ \text{hPa}\times 22.4\ \text{L/mol}}{273\ \text{K}}=83\ \text{hPa}\ \ \text{L/（mol·K）}$$

$$=8.3\times 103\ \text{Pa}\ \ \text{L/（mol}\ \ \text{K）}$$

由理想氣體方程式求算氣體的式量（分子量）

設氣體的莫耳質量為M g/mol，設w g該氣體的物質量為n mol，那麼$n=\frac{w}{M}$。將這些數字代入理想氣體方程式後，可以得到

$PV=\frac{wRT}{M}$，故

$$M=\frac{wRT}{PV}$$

由這個式子可以知道，**在特定溫度、壓力下，測量氣體的體積與質量，便能求得分子量M**。

圖 5-15 使用理想氣體方程式

【問題】 在27℃、3.0×10^5 Pa下，佔有415 mL體積的氧氣為多少g？其中，設氧氣的原子量為16，理想氣體常數為 $R=8.3\times10^3$ Pa・L/(K・mol)。

首先，求出理想氣體方程式中的n。此時須注意理想氣體常數的單位。壓力為Pa、體積為L，且溫度必須使用絕對溫標。溫度27℃→300K，體積415 mL→0.415 L。

$$n=\frac{PV}{RT}=\frac{3.0\times10^5\ \text{Pa}\times0.415\ \text{L}}{8.3\times10^3\ \text{Pa}\cdot\text{L}/(\text{K}\cdot\text{mol})\times300\ \text{K}}$$
$$=5.0\times10^{-2}\ \text{mol}$$

計算出來的物質量有效數字為2位。氧氣O_2的莫耳質量為32 g/mol，所以

$$32\ \text{g/mol}\times5.0\times10^{-2}\ \text{mol}=1.6\ \text{g}$$

與理想氣體方程式相比，與其記住前頁的式子，不如先用理想氣體方程式求出物質量n mol，再用n=w/M求出M，這種方法會比較好記。

另外，你有看出這個式子也隱含著氣體密度d g/L嗎？同一物質的氣態體積，是液態或固態的約1000倍，所以氣態物質的密度單位不會使用每$1cm^3$的質量g，而是會使用1L（1000 cm^3）的質量g，即g/L。

$M=\dfrac{wRT}{PV}$的w/V為密度，故我們可令d=w/V，將式子改寫如下。

$$M=\frac{dRT}{P}$$

求算氣體密度時，可善用已背下來的公式PV=nRT與n=w/M，再依需要轉換成M=wRT/PV=dRT/P。

圖 5-16 求算氣體分子量

【問題】 在27°C、1.0×10^5 Pa下，設10 g某氣體的體積為8.3 L。請問此氣體的分子量是多少？設氣體常數為 $R = 8.3 \times 10^3$ Pa・L/(K・mol)。 (取2位有效數字)

可直接使用含有分子量 M 的公式，但 $PV=nRT$ 這個公式比較好記。
所以我們會用 $PV=nRT$ 計算出物質量 n 後，再用 $n=w/M$ 求出M。

$$n = \frac{PV}{RT} = \frac{1.0 \times 10^5 \text{ Pa} \times 8.3 \text{ L}}{8.3 \times 10^3 \text{ Pa・L/(K・mol)} \times 300 \text{ K}}$$

$$= 0.33 \text{ mol}$$

因為 $n = \frac{w}{M}$，所以

$$M = \frac{w}{n} = \frac{10 \text{ g}}{0.33 \text{ mol}} = 30\,(\text{g/mol})$$

【含氣體密度的問題】
在27°C、1.0×10^5 Pa下，密度為2.0 g/L之氣體的分子量是多少？設氣體常數為$R=8.3 \times 10^3$ Pa・L/(K・mol)。 (取2位有效數字)

由理想氣體方程式可以推導出 $M=wRT/PV=dRT/P$，接著只要將各數值代入這個公式即可。為了避免使用太多的公式，這裡會先算出物質量 n，再求出分子量。密度2.0 g/L，表示1 L為2.0 g，在27°C、1.0×10^5 Pa下的物質量如下。

$$n = \frac{PV}{RT} = \frac{1.0 \times 10^5 \text{ Pa} \times 1 \text{ L}}{8.3 \times 10^3 \text{ Pa・L/(K・mol)} \times 300 \text{ K}}$$

$$= 0.040 \text{ mol}$$

$$M = \frac{w}{n} = \frac{2.0 \text{ g}}{0.040 \text{ mol}} = 50\,(\text{g/mol})$$

理想氣體與實際氣體的區別

理想氣體與實際氣體

亞佛加厥定律提到「同溫、同壓下，同體積氣體含有相同數目的分子。舉例來說0℃、1.013×10^5 Pa（=1013hPa）下，1mol的各種氣體體積皆為22.4L」。另外我們也提到，波以耳—查理定律對任何種類的氣體都成立。波以耳—查理定律還可推導出理想氣體方程式。

依照查理定律，在壓力固定的條件下，溫度每升高或降低1℃，氣體體積會增加或減少0℃時的1/273，但與氣體種類無關。這表示，氣體在絕對溫度0K（=-273℃）以上皆會保持氣態。

但事實並非如此，譬如降溫至-183～-196℃左右，空氣中的氧氣會先凝結成液態，接著氮氣也會跟著凝結成液態，體積急遽縮小，理想氣體方程式便不成立。也就是說，實際氣體並不會完全符合波以耳—查理定律的描述。

我們將符合波以耳—查理定律的氣體稱做**理想氣體**，實際存在的氣體則稱做**實際氣體**，以區別兩者。

符合波以耳—查理定律、理想氣體方程式的理想氣體有兩個特性：**①僅關注整體氣體的體積，個別分子的體積小到可以忽視。②可忽視分子間作用力**。

幸運的是，在接近常溫常壓的環境下，即使是實際氣體仍有著劇烈的熱運動，故可忽視分子間作用力；且氣體佔有的空間相當大，使個別分子的體積小到可以忽視。也就是說，常溫常壓下的氣體，壓力小到很接近理想氣體。

但嚴格來說，實際氣體無法忽視這兩個條件，所以壓力與體積需要略微修正。若實際氣體的分子分布稀疏，便符合①與②的條件，只要**「壓力小」、「溫度高」，便相當接近理想氣體**。

若將實際氣體的溫度降至極低，使氣體分子的熱運動小到無法忽視分子間作用力的程度，分子便會彼此吸引，使體積變小。即使溫度沒有降至極低，只要溫度稍低，氣體的性質就會偏離理想氣體。

同樣的事也會發生在氣體的壓力上。依照波以耳定律，若持續增加氣體的壓力，氣體體積會縮小，氣體分子間的距離也會縮小，氣體分子本身的體積佔氣體整體體積的比例則會逐漸增加。因此，這種氣體的性質會越來越偏離理想氣體。

圖 5-17 理想氣體與實際氣體

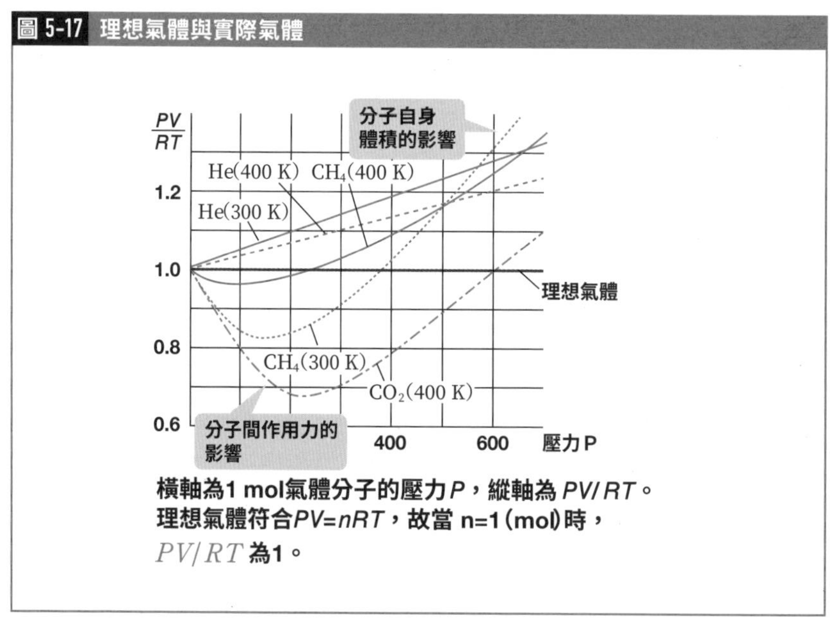

橫軸為1 mol氣體分子的壓力*P*，縱軸為 *PV*/*RT*。理想氣體符合*PV*=*nRT*，故當 n=1(mol)時，*PV*/*RT* 為1。

第 6 章

酸鹼與氧化還原

第 6 章概覽

第6章的主題是**酸**與**鹼**，以及**氧化還原**。

國中自然科學課程中有提到，用石蕊試紙沾水溶液時，如果石蕊試紙從藍色變成紅色，水溶液就是酸性；如果從紅色變成藍色，就是鹼性。酸為會在水溶液中釋出氫離子的物質；鹼則是會在水溶液中釋出氫氧根離子的物質。

到了高中化學，則會學到**阿瑞尼斯定義**。阿瑞尼斯定義，酸是溶於水中後會產生氫離子H^+的物質，鹼是溶於水中後會產生氫氧根離子OH^-的物質。

至於氧化還原，國中自然科學將某物質與氧結合的化學變化稱做**氧化**，將氧化物失去氧的化學變化稱做**還原**。

國中自然科學定義氧化還原為氧的來去，高中化學則不同。高中化學定義氧化為原子失去電子，還原為原子獲得電子，氧化還原為電子的來去。另外，氧化反應與還原反應會同時成對出現，故也稱做**氧化還原反應**。

氧化還原不再定義為氧的來去，而是定義為電子的來去，使氧化還原的範圍一口氣變廣了許多。

第6章 概覽圖

阿瑞尼斯的定義

- 酸為溶於水中時會釋放出氫離子 H^+ 的物質。
- 鹼為溶於水中時會釋放出氫氧根離子 OH^- 的物質。

酸鹼中和

酸鹼中和時，酸與鹼會發生反應，消除彼此的性質。譬如鹽酸與氫氧化鈉的反應。

氧化還原

- 氧化為某物質與氧結合的化學變化。
- 還原為氧化物失去氧的化學變化。

電池

- 「負極活性物質」、「正極活性物質」
- 「鋅銅電池」、「一次電池與二次電池」、「鉛蓄電池」

電解

熔鹽電解

加熱無水化合物，使其轉變成熔融態再電解，可用於製造離子化傾向大的金屬。

高中化學的範圍內，幾乎都遵照阿瑞尼斯的定義

國中自然科學學到的酸與鹼

醋與鹽酸有著酸酸的味道，可讓藍色石蕊試紙轉變成紅色，放入鋅與鐵等金屬後，可溶解金屬並產生氫氣。這種性質就是酸性。化合物中，會使水溶液呈現酸性的物質，稱做酸。**酸為會在水溶液中釋出氫離子的物質**。

氫氧化鈉水溶液擁有「能與酸反應，使其失去酸性」、「可使紅色石蕊試紙轉變成藍色」的性質，這種性質就是鹼性。而擁有這些性質的物質，稱做鹼。**鹼為會在水溶液中釋出氫氧根離子的物質**。酸與鹼反應後，會發生酸鹼中和的化學反應，抵銷彼此的性質。**發生中和反應時，酸的氫離子與鹼的氫氧根離子會彼此結合，生成水**。另一方面，除了水之外，由酸的陰離子與鹼的陽離子結合形成的物質，叫做鹽。

以上為國中自然科學的範圍。高中化學會學到酸與鹼的阿瑞尼斯定義，即**「酸為溶於水中後會產生氫離子的物質」**、**「鹼是溶於水中後會產生氫氧根離子的物質」**。國中學到的鹼，為「阿瑞尼斯鹼中，易溶於水物質（如NaOH、KOH、$Ba(OH)_2$等）」。

酸與鹼的阿瑞尼斯定義

1887年，阿瑞尼斯定義酸為「溶於水中後會產生氫離子H^+的物質」。

$HCl \rightarrow H^{+} + Cl^{-}$

氯化氫　氫離子　氯離子

$H_2SO_4 \rightarrow H^{+} + SO_4^{2-}$

硫酸　氫離子　硫酸根離子

$CH_3COOH \rightleftarrows H^{+} + CH_3COO^{-}$

氯化氫　氫離子　醋酸根離子

※→表示左邊的物質會全部變成右邊的物質；則表示左邊的物質只有一部分會變成右邊的物質。

阿瑞尼斯定義鹼為「**溶於水中後會產生氫氧根離子 OH^- 的物質**」。氨與水反應會生成氫氧根離子，故屬於鹼。而「⇄」表示反應可能由左往右，也可能由右往左，為可逆反應。

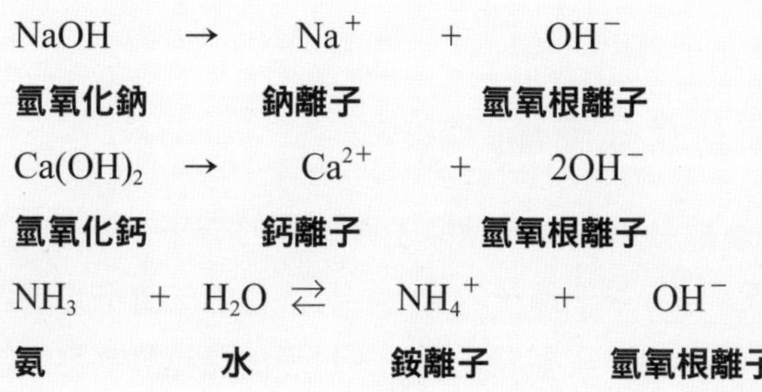

$NaOH \rightarrow Na^{+} + OH^{-}$

氫氧化鈉　鈉離子　氫氧根離子

$Ca(OH)_2 \rightarrow Ca^{2+} + 2OH^{-}$

氫氧化鈣　鈣離子　氫氧根離子

$NH_3 + H_2O \rightleftarrows NH_4^{+} + OH^{-}$

氨　水　銨離子　氫氧根離子

酸鹼的價數

一個酸分子可釋出的 H^+ 個數，稱做價數，氯化氫與醋酸皆為一價酸。一個硫酸分子可釋出2個 H^+，故為二價酸。鹼也一樣，鹼解離後可釋出的 OH^- 個數，就是鹼的價數。氫氧化鈉為一價鹼，氫氧化鈣有兩個OH可解離生成 OH^-，故為二價鹼。氨分子可與水反應，釋出一個 OH^-，故為一價鹼。

計算酸鹼中和時的反應物數量時，需考慮到酸、鹼的價數。

水中不存在氫離子H^+

氯化氫的氫與氯以什麼方式結合？共價鍵？離子鍵？

非金屬元素的原子之間以共價鍵結合。氯化氫由氫原子與氯原子結合而成，應為共價鍵才對。另一方面，當氯化氫溶於水中時會解離$HCl \rightarrow H^+ + Cl^-$，就像以離子鍵結合，且會在水中解離的NaCl一樣，$NaCl \rightarrow Na^+ + Cl^-$。那麼，氯化氫的氫與氯之間，究竟是以共價鍵結合，還是以離子鍵結合呢？

氫離子H^+是什麼樣的離子？

氫離子H^+為氫原子失去一個電子後形成的離子，也就是1個質子，即氫的原子核。與氫原子的大小相比，裸露的質子可以說是帶有正電荷的一個小點。與氫原子相比，質子的體積幾乎可以當做零。

質子的正電荷分布於它極小的表面上。單位面積的電荷量極大。**水為極性分子，中間的氧原子帶有負電荷**。所以氫離子H^+在水中會被附近水分子H_2O吸引，強力附著在水分子上。$H^+ + H_2O$可得到水合氫離子H_3O^+。事實上，$HCl \rightarrow H^+ + Cl^-$是簡化後的式子，並沒有反應實際情況。實際情況如下。

HCl	+	H_2O	→	H_3O^+	+	Cl^-
氯化氫		**水**		**水合氫離子**		**氯離子**

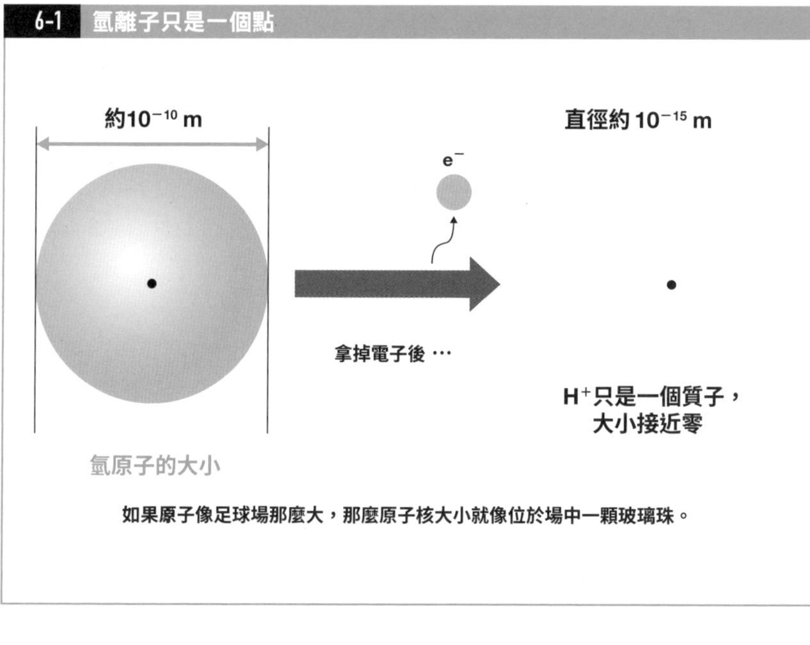
6-1 氫離子只是一個點
約10^{-10} m
直徑約 10^{-15} m
e^-
拿掉電子後 …
H^+只是一個質子，
大小接近零
氫原子的大小
如果原子像足球場那麼大，那麼原子核大小就像位於場中一顆玻璃珠。

硫酸與醋酸也一樣，解離的實際情況如下。

$$H_2SO_4 + 2H_2O \rightarrow 2H_3O^+ + SO_4^{2-}$$

$$CH_3COOH + H_2O \leftrightarrows H_3O^+ + CH_3COO^-$$

計算pH或考慮中和反應時，關注的其實是水合氫離子的濃度[H_3O^+]或水合氫離子 H_3O^+，只是一般會簡化成氫離子濃度[H^+]或氫離子H^+，兩者計算出來的結果並沒有差異。另外，**寫成[H_3O^+]或[H^+]這樣，用[　]表示時，一般是指莫耳濃度**。氯化氫的氫原子－氯原子以共價鍵結合，組成氯化氫分子。只有在與水反應後，才會分離成陽離子與陰離子。

如果H與Cl以H^+與Cl^-的形式形成離子鍵的話，由於庫倫力（正電荷與負電荷以靜電力結合的力）很強，使氯化氫在室溫下不以氣態形式存在，而是會形成離子結晶。然而氯化氫是氣體，所以H與Cl的結合方式並不是離子鍵。

固定溫度下，水的離子積為固定值

水的解離與離子積

水本身便會解離如下，雖然很少發生。

$H_2O \leftrightarrows H^+ + OH^-$

當然，實際情況是這樣

$2H_2O \leftrightarrows H_3O^+ + OH^-$

純水中，H^+與OH^-的莫耳濃度，$[H^+]$與$[OH^-]$相等，25℃下皆為 10^{-7}mol/L。

溫度固定時，水的離子積$[H^+]\times[OH^-]$為定值。25℃時為 10^{-14} $(mol/L)^2$。即使有酸或鹼溶於水中，水的離子積數值仍不會改變。

如何表示水溶液的酸性或鹼性強度

酸性物質溶於水中時，$[H^+]$便會大於 10^{-7}mol/L，使水溶液呈酸性。

相對的，鹼性物質溶於水中時，$[OH^-]$便會大於 10^{-7}mol/L，使水溶液呈鹼性。此時，$[H^+]$會小於 10^{-7}mol/L。

既然$[H^+]\times[OH^-]= 10^{-14}$ $(mol/L)^2$，那就表示水溶液的酸性強度或鹼性強度可以用$[H^+]$或$[OH^-]$來表示。只要知道其中一個數值，便能確定另一個數值是多少。

因此科學家們選用氫離子濃度$[H^+]$來表示酸性或鹼性的強度。水溶液性質與$[H^+]$、$[OH^-]$間的關係如下。

酸性	$[H^+]$	$>1.0\times 10^{-7}$mol/L	>	$[OH^-]$
中性	$[H^+]$	$=1.0\times 10^{-7}$mol/L	=	$[OH^-]$
鹼性	$[H^+]$	$<1.0\times 10^{-7}$mol/L	<	$[OH^-]$

酸、鹼的氫離子濃度變化範圍相當廣，為求方便，一般會將濃度數值寫成10的-x次方。

$[H^+] = 10^{-x}$〔mol/L〕

數值x就是**pH（氫離子指數）**。舉例來說

$[H^+] = 10^{-12}$ mol/L時，pH=12

$[H^+] = 10^{-3}$ mol/L時，pH=3

氫離子濃度每增加10倍，pH值就少1。純水為中性，pH=7。酸性水溶液的pH小於7，鹼性水溶液的pH大於7。我們可以用對數將pH表示成

$pH = -\log [H^+]$。

6-2 各種物質的 pH

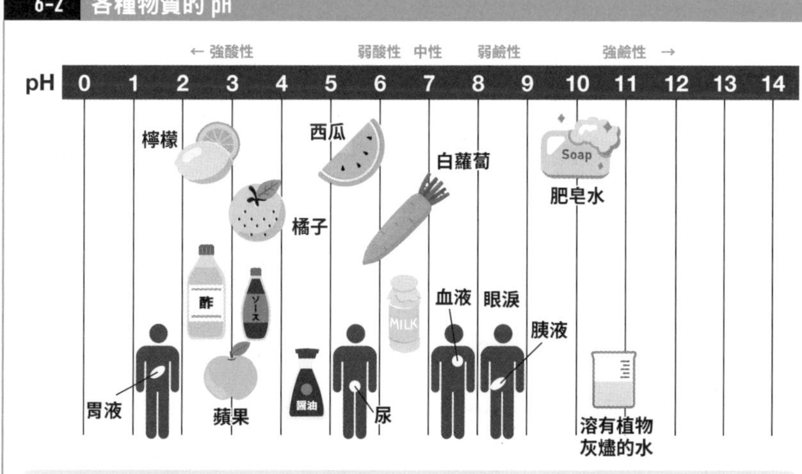

pH每多1，同體積水溶液中的氫離子數會變成10分之1；pH每少1，氫離子數則會變成10倍。舉例來說，pH=3溶液的氫離子濃度，是pH=7溶液的10×10×10×10倍，即一萬倍。

酸與鹼的強弱

強酸、強鹼指的是可在水溶液中近乎完全解離的酸或鹼。**解離程度一般會以解離度 α 表示，$0<\alpha\leq1$。若為完全解離，則解離度為1**。

強酸　…鹽酸 HCl　硫酸 H_2SO_4　硝酸 HNO_3

強鹼　…氫氧化鈉 NaOH　氫氧化鉀 KOH

弱酸包括醋酸 CH_3COOH、草酸 $(COOH)_2$ 等，弱鹼則包括氨 NH_3、強鹼以外的金屬元素氫氧化物等。

弱酸、弱鹼溶於水中時，僅一部分會解離。

$$\text{解離度}=\frac{\text{解離的分子物質量 (mol)}}{\text{溶解的分子物質量 (mol)}}$$

$[H^+]$=酸的價數 × 酸的莫耳濃度 mol/L× 解離度

設溶解於溶液中的是一價酸，且1 mol的酸中，有0.017 mol解離，則解離度=0.017。

6-3 pH 的計算方式

【問題】　解離度為1、莫耳濃度為0.1 mol/L的鹽酸，與解離度為0.01、莫耳濃度為0.1 mol/L的醋酸，pH值分別是多少？

鹽酸為一價酸，解離度為1（完全解離），故

	HCl →	H^+ +	Cl^-
初始濃度	0.1mol/L	0	0
解離後	0	0.1mol/L	0.1mol/L

1 L鹽酸中，含有0.1 mol/L×1 L=0.1 mol的H^+

$\Rightarrow\ [H^+]=10^{-1}\ mol/L \Rightarrow pH=1$

醋酸為一價酸，解離度為0.01，故0.1 mol中，有0.1×0.01=0.001 mol/L的醋酸解離。

	CH_3COOH ⇄	H^+ +	CH_3COO^-
初始濃度	0.1mol/L	0	0
解離後	(0.1−0.001) mol/L	0.1 × 0.01 mol/L	0.1 × 0.01 mol/L

1 L醋酸中，含有0.1×0.01 mol/L×1 L=0.001 mol的H^+

$\Rightarrow\ [H^+]=0.001\ mol/L=10^{-3}\ mol/L \Rightarrow pH=3$

鹽類的水溶液性質

氯化鈉 $NaCl$ 的水溶液為中性，但醋酸鈉 CH_3COONa 的水溶液卻是鹼性，氯化銨 NH_4Cl 的水溶液則是酸性。一般來說，鹽類的水溶液酸鹼性會遵從以下規則。

強酸＋強鹼→鹽類的水溶性為中性

弱酸＋強鹼→鹽類的水溶性為鹼性

強酸＋弱鹼→鹽類的水溶性為酸性

為什麼醋酸鈉水溶液是鹼性

弱酸與強鹼、強酸與弱鹼生成的鹽類水溶液，分別呈鹼性與酸性。這是因為一部分的鹽類與水反應，生成了 OH^- 與 H_3O^+。這種現象叫做鹽的水解。醋酸鈉 CH_3COONa 在水溶液中會解離成醋酸根離子與鈉離子，$CH_3COONa \rightarrow CH_3COO^- + Na^+$

重點在於，**醋酸根離子 CH_3COO^- 會與水反應，生成醋酸與氫氧根離子，使溶液呈鹼性**。鈉不會與水反應，而是會保持原樣。

$$CH_3COO^- + H_2O \leftrightarrows CH_3COOH + OH^-$$

有些陰離子會與水反應，有些陰離子不會。會與水反應的陰離子包括醋酸根離子、碳酸根離子 CO_3^{2-}、碳酸氫根離子 HCO_3^- 等弱酸解離後產生的陰離子。不與水反應的陰離子包括氯離子 Cl^-、硫酸根離子 SO_4^{2-}、硝酸根離子 NO_3^- 等強酸解離後產生的陰離子。

為什麼氯化銨水溶液是酸性

$$NH_4Cl \rightarrow NH_4^+ + Cl^-$$

$$NH_4^+ + H_2O \leftrightarrows NH_3 + H_3O^+$$

銨離子與水反應後會生成 H_3O^+，故呈酸性。

酸與鹼中和後會得到鹽與水

鹽酸與氫氧化鈉水溶液的中和

就像鹽酸會與氫氧化鈉反應一樣，酸與鹼反應後，會消除彼此的性質，稱做酸鹼中和。

$HCl+NaOH \rightarrow NaCl+H_2O$

HCl與NaOH在水溶液中皆會完全解離（完全分散成陽離子與陰離子），故上式可改寫如下。

$H^{+}+Cl^{-}+Na^{+}+OH^{-} \rightarrow Na^{+}+Cl^{-}+H_2O$

Na^{+}與Cl^{-}在反應前後並沒有變化，故可將箭頭兩邊的Na^{+}與Cl^{-}直接消掉，將上式改寫如下。

$H^{+}+OH^{-} \rightarrow H_2O$

所謂的酸鹼中和，就是酸性物質生成的H^{+}，與鹼性物質生成的OH^{-}，結合生成H_2O的過程。除了水之外，酸的陰離子能與鹼的陽離子結合形成鹽類。不同的酸或鹼，會生成不同的鹽類。

6-4 鹽酸與氫氧化鈉水溶液

鹽酸 氫氧化鈉水溶液

$HCl + NaOH \rightarrow NaCl + H_2O$

$Cl^{-} + Na^{+} \rightarrow Na^{+} + Cl^{-}$ ——蒸發掉水——→ 氯化鈉 NaCl 鹽

$H^{+} + OH^{-} \rightarrow H_2O$ 水

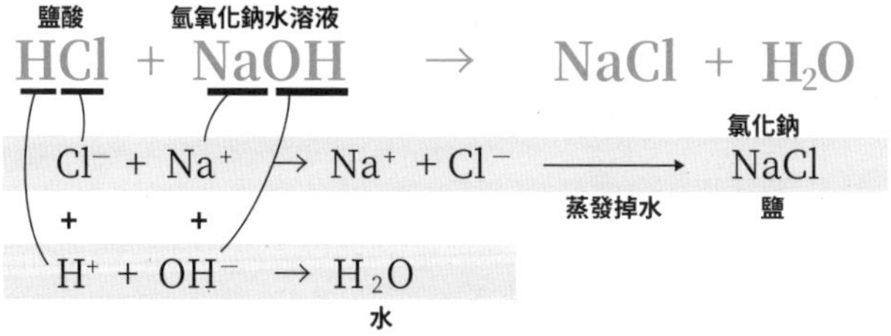

酸與鹼完全中和時會成立的關係式

中和反應的數量關係

一個氫離子 H^+ 會與一個氫氧根離子 OH^- 反應，生成水 H_2O，所以若酸與鹼含有相同物質量之 H^+ 與 OH^-，可完全中和。此時

酸的價數 × 酸的物質量＝鹼的價數 × 鹼的物質量

‖　　　　　　‖

H^+ 的物質量　　　　OH^- 的物質量

1 L的1 mol/L鹽酸或硫酸，含有的 H^+ 物質量分別為1（價）×1 mol/L ×1 L =1 mol與2（價）×1 mol/L ×1 L =2 mol。價數為1與價數為2的酸，生成的 H^+ 物質量有很大的差異。濃度c mol/L的溶液中，每1 L溶液中含有 *c* mol溶質，故 *V* L的溶液中含有 $c\times V$ mol的溶質。而 *a* 價酸或 *a* 價鹼中，每個分子式會釋放出a個 H^+ 或 OH^-，故溶液含有的 H^+ 或 OH^- 物質量為價數乘上莫耳濃度mol/L再乘上體積L，即 $a\times c\times V$ mol。因此，酸與鹼完全中和時，以下關係式成立。

酸的價數 a × 酸溶液的莫耳濃度 c × 酸溶液的體積 V

＝鹼的價數 a' × 鹼溶液的莫耳濃度 c' × 鹼溶液的體積 V'

$acV=a'c'V'$

「欲中和10 mL的0.10 mol/L鹽酸，需要多少mL的0.20 mol/L氫氧化鋇水溶液？」這個問題中，鹽酸為一價酸，氫氧化鋇為二價鹼，故可列式 1×0.10 mol/L $\times10$ mL/1000=2×0.20 mol/L$\times$x mL/1000。

x=2.5（mL）

滴定曲線

滴定曲線可用於表示溶液滴定的pH變化。**以強鹼水溶液滴定強酸的實驗中，靠近完全當量點時，每加入一滴強鹼水溶液，H^+的濃度變化很大**。因為在當量點附近，H^+的濃度很小，幾乎找不到H^+能與OH^-結合成水，所以加入的強鹼所生成的OH^-會對H^+造成很大的影響。

通過當量點之後，若再加入鹼性水溶液，H^+一開始濃度變化很大，但加入過量許多的鹼性水溶液後，每一滴所造成的變化會變小許多。因為溶液中已存在過多氫氧根離子。

強酸與強鹼的酸鹼中和反應中，在當量點附近、pH7附近的pH變化相當大，指示劑會使用從pH8附近開始變色的酚酞溶液。也可以用甲基橙做為指示劑，不過無色的酚酞溶液pH增加至8以上時會轉為紅色，在觀察當量點時相當方便。弱酸與強鹼、弱鹼與強酸的酸鹼中和滴定中，生成的鹽類會水解，完全中和時，pH值不會等於7。舉例來說，醋酸或草酸等弱酸，與氫氧化鈉等強鹼進行**酸鹼中和滴定時，會使用酚酞溶液當做指示劑，就是因為當量點時溶液偏鹼性**。

6-5 滴定曲線

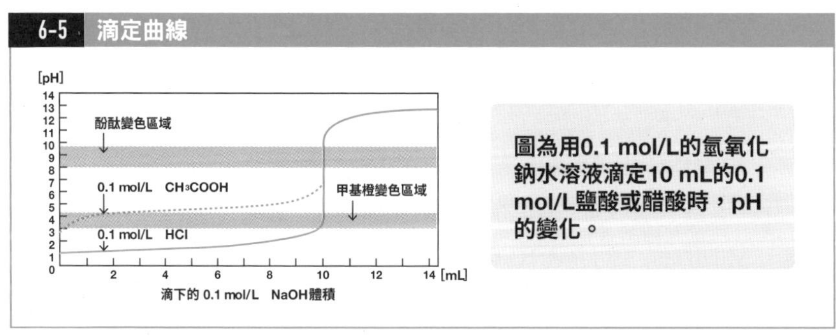

圖為用0.1 mol/L的氫氧化鈉水溶液滴定10 mL的0.1 mol/L鹽酸或醋酸時，pH的變化。

考慮沒有氧的氧化還原

氧化還原與氧的來去

讓我們稍微複習一下國中自然科學教的氧化還原反應吧。在空氣中加熱銅Cu粉末後，銅會與氧結合，生成黑色的氧化銅（II）CuO。

$2Cu + O_2 \rightarrow 2CuO$

另外，燃燒鎂Mg時，會生成白色的氧化鎂MgO。

$2Mg + O_2 \rightarrow 2MgO$

像這樣，**某物質與氧結合時，稱做「物質被氧化」**，這種化學變化叫做**氧化**反應。氧化銅（II）CuO與碳C反應後，會生成銅與二氧化碳。

$2CuO + C \rightarrow 2Cu + CO_2$

像這樣，**某個氧化物失去氧時，稱做「物質被還原」**，這種化學變化叫做**還原**反應。

氧化還原與電子的來去

我們可以改從電子來去的角度，思考銅Cu與氧生成氧化銅（II）CuO的反應。CuO為銅（II）離子Cu^{2+}與氧離子O^{2-}結合而成的離子結晶。銅原子會給氧原子2個電子，生成Cu^{2+}；氧原子則獲得2個電子，生成O^{2-}，並以離子鍵結合。這個反應中，銅原子轉變成氧化銅（II）時，也就是銅氧化時，會失去電子e^-。

$2Cu \rightarrow 2Cu^{2+} + 4e^-$　①

$O_2 + 4e^- \rightarrow 2O^{2-}$　②

那麼，接著就來看看「物質與氧結合、失去氧」以外的化學反應吧。將銅線加熱後放入氯氣中，會產生劇烈反應，生成氯化銅（Ⅱ）$CuCl_2$。

$Cu + Cl_2 \rightarrow CuCl_2$

此時，銅原子會將2個電子分給兩個氯原子，形成銅（Ⅱ）離子Cu^{2+}。

$Cu \rightarrow Cu^{2+} + 2e^-$　③

$Cl_2 + 2e^- \rightarrow 2Cl^-$　④

在電子的得失上，①與③的失去電子為相同現象，②與④的獲得電子為相同現象。**一般來說，原子失去電子時，我們會說「這個原子被氧化」**。銅與氧或銅與氯的反應中，氧原子與氯原子皆獲得了來自銅的電子，成為氧離子O^{2-}與氯離子Cl^-。

一般來說，原子獲得電子時，我們會說「這個原子被還原」。化學反應中，若有一個原子失去電子，則必有另一個原子獲得這個電子。因此，**氧化與還原會成對同時發生**。

發生氧化與還原的反應，叫做**氧化還原**反應。比起用氧原子的來去來定義，用電子的來去來定義氧化還原，可推廣氧化還原的意義。

6-6 電子的來去與氧化還原

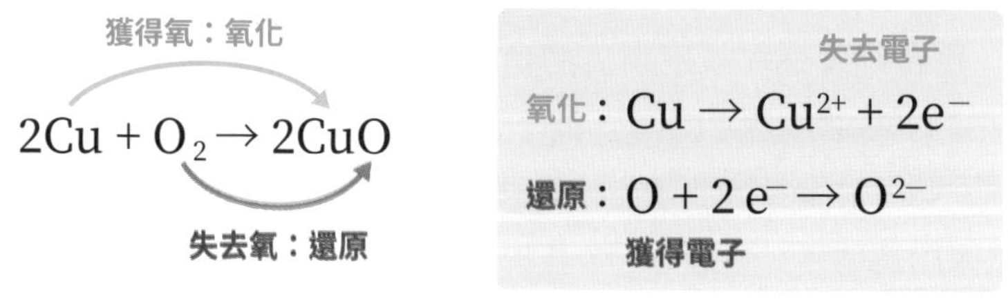

由氧化數可以判斷該反應是氧化還是還原

氧化數是什麼？

原本氧化指的是「與氧反應（化合）」，還原指的是「氧化物去除氧的反應」。

不過，就像我們前頁中看到的，銅與氧反應可生成氧化銅（II），銅與氯反應會產生褐色煙霧並生成氯化銅（II）。要注意的是，這兩個反應都會生成銅（II）離子。

不管是銅與氧的反應，還是銅與氯的反應，銅都會釋放出電子，轉變成銅（II）離子。若把焦點放在氧化還原時的電子移動，原子失去電子為氧化，獲得電子則是還原。

如此一來，化學家們便推廣了氧化與還原的定義。氧化已不僅限於與氧的化合。

像是銅原子、銅（II）離子、氧分子、氧離子等反應中，電子的移動情況十分明瞭，但如果是原子間以共價鍵結合而成的分子，該怎麼判斷原子的氧化還原呢？

此時就輪到氧化數登場了。設A原子與B原子以共價鍵結合成AB分子，若A原子與B原子吸引共用電子對的性質（吸引力）不同，共用電子對就會往吸引力比較強的原子偏過去。由元素在週期表中的位置，以及第232～234頁的「電負度」數值，可以知道共用電子對比較容易被哪個原子吸引。

定義氧化數時，需假設A原子與B原子中，電負度較強的一方會將電子對完全吸引過去。也就是說，假設共價鍵會像離子鍵那樣，假設電子會從一個原子完全轉移到另一個原子上。

以水分子為例，假設電負度較強的氧原子，會將氧原子—氫原子間的共用電子對完全吸引過去。此時，氧原子會從兩個氫原子上各吸走一個電子，故氧化數為 -2。每個氫原子會有一個電子被氧吸走，故氧化數為 +1。

同樣的，二氧化碳分子為氧原子—碳原子—氧原子，假設電負度較強的氧原子會將共用電子對完全吸引過去。

一個氧原子會從一個碳原子上吸走兩個電子，故氧化數為 -2；碳原子會被兩個氧原子各吸走兩個電子，故氧化數為 +4。

過氧化氫分子的結合方式為氫原子—氧原子—氧原子—氫原子。兩端的氫原子—氧原子結合中，氧原子會吸走共用電子對；不過在氧原子—氧原子的結合中，會平均分配共用電子對，所以兩邊的氧原子都不會吸走共用電子對。在氫原子—氧原子的結合中，氫原子會提供一個電子給氧原子（氧原子會吸走一個電子），所以過氧化氫的氧原子氧化數為 -1。

氧化數的求算方式

在 $N_2+3H_2 \rightarrow 2NH_3$ 這個氧化還原反應中，並沒有清楚顯示出電子的來去。所以一般會從原子氧化數的角度判斷，若氧化數增加，就是氧化；氧化數減少，就是還原。

以下為氧化數的求算方式。

（1）單質中原子的氧化數設為 0。

$\underline{H}_2$（H;0）、$\underline{Cu}$（Cu;0）

（2）單原子離子的氧化數，等於該離子的價數。

$\underline{Cu}^{2+}$（Cu;+2）、$\underline{Cl}^{-}$（Cl;-1）

（3）令化合物中，氧原子的氧化數為-2；氫原子的氧化數為+1。

$\underline{H_2}\underline{O}$（H;+1,O;-2）

不過，過氧化氫H_2O_2中，O的氧化數為-1

（4）設化合物中，各原子的氧化數總和為0。

$\underline{Cu}\ \underline{O}$ (+2)+(-2)=0

（5）多原子離子中，原子氧化數總和等於該離子的價數。

$\underline{Mn}\ \underline{O_4}^{-}$ (+7)+(-2)×4=-1

舉例來說，氧化銅（Ⅱ）與碳反應，生成銅與二氧化碳時，原子的氧化數變化如下。

$$2\,\underline{Cu}\,O \quad + \quad \underline{C} \quad \rightarrow \quad 2\,\underline{Cu} \quad + \quad \underline{C}\,\underline{O_2}$$

$$+2\ -2 \qquad 0 \qquad\qquad 0 \quad + \quad 4\ -2$$

C原子的氧化數（左邊→右邊）　0　→+4

Cu原子的氧化數（左邊→右邊）+2　→0

碳原子的氧化數增加，表示碳原子被氧化；銅原子的氧化數減少，表示銅原子被還原。

氧化劑與還原劑

氧化銅（Ⅱ）CuO與碳C的反應中，氧化銅（Ⅱ）會被碳還原，碳則會被氧化銅（Ⅱ）氧化。在氧化還原反應中，像是CuO這種能把其他物質氧化，自身還原的物質，稱做**氧化劑**。而像是C這種能把其他物質還原，自身氧化的物質，稱做**還原劑**。就像止痛劑一樣，「○○劑」就是「能把對方○○的物質」。

一般來說，氧化劑擁有「能從其他分子身上搶走電子」的性質，譬如臭氧O_3、二氧化錳（Ⅳ）、硝酸等HNO_3 氧化力強的酸、過錳酸鉀$KMnO_4$、二鉻酸鉀$K_2Cr_2O_7$、以及氯Cl_2、碘I_2等鹵素。還原劑則包括易離子化的金屬，如鈉Na、鉀K、鋅Zn、鐵（II）鹽〔易轉變成鐵（III）離子〕，以及草酸$(COOH)_2$等有機物。

6-7 氧化劑與還原劑

氧化劑＝氧化對方的物質（自己被還原）
＝獲得電子的物質，電子的捕手

還原劑＝還原對方的物質（自己被氧化）
＝失去電子的物質，電子的投手

銅　氧　氧化銅（II）

$$Cu + O_2 \rightarrow CuO$$

銅原子失去電子（氧化數增加）→ 還原劑
銅原子的集合體，銅也是還原劑

$$2Cu \rightarrow 2Cu^{2+} + 4e^-$$

氧原子獲得電子（氧化數減少）→ 氧化劑
氧氣（氧分子）也是氧化劑

$$O_2 + 4e^- \rightarrow 2O^{2-}$$

過氧化氫 H_2O_2 通常做為氧化劑發揮功能

試考慮酸性化的過氧化氫H_2O_2水溶液與碘化鉀KI水溶液的反應。碘化鉀為鉀離子K^+與碘離子I^-以離子鍵結合而成的離子結晶，溶於水中時為無色水溶液。水溶液中的K^+與I^-會在水中四散漂動。

碘I_2是有光澤的紫黑色分子結晶，難溶於水，但易溶於碘化鉀水溶液。若碘化鉀水溶液中，有一部分的I^-轉變成I_2，這些I_2便會溶於水，使溶液呈褐色。

那麼，讓我們試著將加入在過氧化氫水溶液中加入硫酸使其酸性化，再使之與碘化鉀水溶液混合吧。酸性溶液中含有H^+。兩溶液混合後，產生的褐色物質是什麼物質呢？試著加入少量的澱粉水溶液，會讓溶液變成紫色。這就是碘與澱粉的反應，故可確認到褐色物質為碘I_2。

$H_2O_2+2H^++2e^-\rightarrow 2H_2O$　①

$2I^-\rightarrow I_2+2e^-$　②

此時，過氧化氫為氧化劑（氧化數-1→-2），氯化鉀為還原劑（氧化數-1→0）。計算①＋②，可消去e^-，得到以下反應式。

$H_2O_2+2H^++2I^-\rightarrow I_2+2H_2O$　③

③可再加上與反應無關的SO_4^{2-}與K^+，寫成各物質的化學式。

$$H_2O_2 + 2H^+ + 2I^- \rightarrow I_2 + 2H_2O$$

$$\uparrow SO_4^{2-} \qquad \uparrow K^+$$

$$\Rightarrow H_2O_2 + H_2SO_4 + 2KI \rightarrow K_2SO_4 + I_2 + 2H_2O$$

過錳酸鉀的氧化作用

過錳酸鉀$KMnO_4$為紫黑色結晶，水溶液為紫紅色。**過錳酸鉀有很強的氧化作用**，為很強的氧化劑。酸性狀態下，過錳酸鉀氧化其他物質後，會生成錳（II）離子Mn^{2+}，使水溶液的顏色消失。含有Mn^{2+}的水溶液為淡粉紅色，如果濃度低的話則幾乎為無色。

$MnO_4^- + 8H^+ + 5e^- \rightarrow Mn^{2+} + 4H_2O$　④

將酸性的過錳酸鉀水溶液與碘化鉀水溶液混合後，水溶液中的碘離子I^-會被氧化成碘I_2，使水溶液呈褐色。

$2I^- \rightarrow I_2 + 2e^-$

由鋅銅電池理解電池的運作機制

電池與電路

將乾電池的正負極，以導線連接有基座的燈泡，可點亮燈泡。**此時會形成一個連接電源與燈泡的電路。在電路中，電子會從負極一個個往正極移動。電路內的電流方向為正極→負極。電子流動方向則是負極→正極**。這是因為，當初決定電池的正負極時，還不知道導線內是什麼東西在移動，直到知道「電流為電子的移動造成」後，才發現電流與電子的移動方向相反。

電池內部的傳接電子

在電池外部的電路中，電子會從負極往正極移動。負極含有傾向失去電子的物質，正極則含有傾向獲得電子的物質。碳鋅電池與鹼性電池的負極，皆為鋅金屬。

6-8 傳接電子

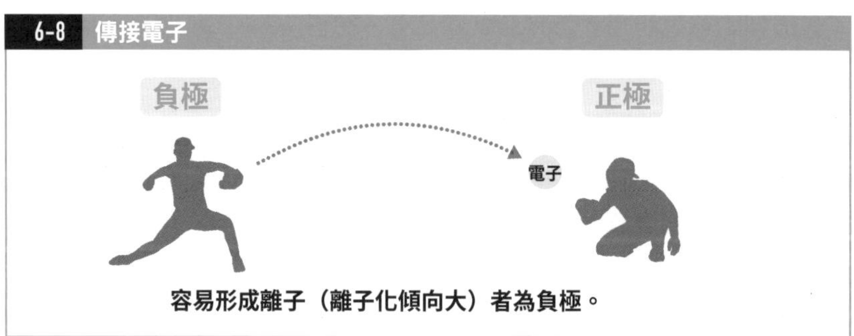

容易形成離子（離子化傾向大）者為負極。

至於正極，電池的正極處為碳棒，但碳棒並不是實際獲得電子的物質。碳棒的功能是蒐集電子，並將其交給獲得電子的物質。

若只說負極與正極，不太能看出電池中的實際主角，我們會把實際發揮電池功能的物質叫做「**負極活性物質**」與「**正極活性物質**」。碳鋅電池與鹼性電池中，負極＝負極活性物質＝鋅；正極活性物質卻不是碳，兩者的正極活性物質皆為二氧化錳（Ⅳ）MnO_2。

負極活性物質釋放出來的電子會經過電路，回到電池，再由正極活性物質接收。那麼，負極附近的陽離子是否會持續增加呢？正極附近是否也會逐漸累積電子，使陰離子增加呢？

除了正負極活性物質之外，電解質水溶液也是相當重要的電池內容物。電解質為溶於水中時，可使電流通過水溶液的物質。電流通過時會發生電解反應，故也可以說是「**可引起電解反應的物質**」。

電解質水溶液中，陽離子與陰離子的整體電荷加總為零，即會保持電中性狀態。

若電解質水溶液中的陽離子增加，就會產生相對數量的陰離子以抵銷電荷。負極附近與正極附近有區隔物質的膜，不過離子可以通過這層膜，維持整體的電中性。

金屬的離子化傾向與負極的鋅

離子化傾向大的金屬，傾向失去電子。如果周圍存在能夠接收這些電子的對象，這些金屬就會傾向釋出電子，轉變成陽離子。**釋出電子、變成陽離子的傾向越強，「擁有的化學能就越高」**。金屬化學能由高至低依序為Li>Na>Mg>Al>Zn>Fe…。

另一方面，正極活性物質，錳（Ⅳ）的化學能比Na、Mg、Al、Zn、Fe都還低。所以當正極活性物質為二氧化錳（Ⅳ）時，**負**

極活性物質的離子化傾向越大，就能得到越多能量。

雖然碳鋅電池也叫做「乾」電池，但電池內一點都不乾。電池需要電解質水溶液，那麼碰到水時會產生劇烈反應的鈉，就不能用做負極活性物質。這就是為什麼碳鋅電池與鹼性電池都用鋅當做負極。

有些電池會使用性質與鈉相似的鋰做為負極活性物質（一次電池中的鋰電池。二次電池中的鋰離子電池為另外一種電池），使用的電解質液不是水溶液，而是溶有鋰化合物的有機溶劑。**電流流出的電極（離子化傾向較小）為正極，電流流入的電極（離子化傾向較大）為負極**。

鋅銅電池

鋅銅電池中，以可讓離子通過的多孔膜，隔開正極室與負極室。負極室內含有硫酸鋅 $ZnSO_4$ 水溶液與鋅電極，正極室則有硫酸銅（II）$CuSO_4$ 水溶液與銅電極。以導線連接兩電極放電後，會發生以下反應，電流從正極流向負極。

（負極）$Zn \rightarrow Zn^{2+} + 2e^-$

（正極）$Cu^{2+} + 2e^- \rightarrow Cu$

（整體）$Zn + Cu^{2+} \rightarrow Zn^{2+} + Cu$

鋅銅電池可用以下簡化後的式子表示。aq表示水溶液。

(－) Zn ｜ $ZnSO_4$aq ｜ $CuSO_4$aq ｜ Cu (+)

電動勢為1.07～1.14伏特，變化小，不會產生氣體。

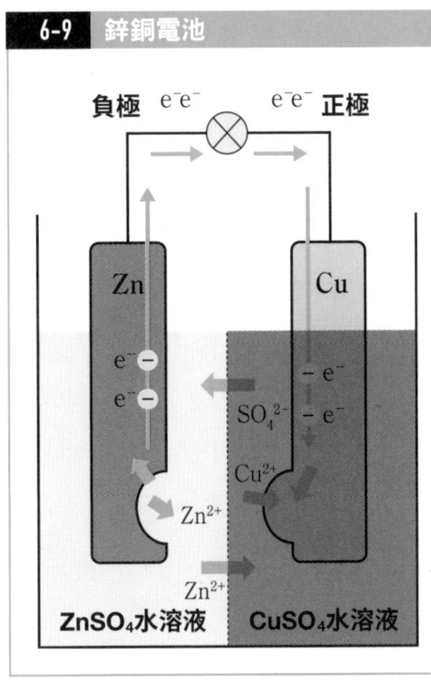

鋅銅電池為1836年時，英國的丹尼爾提出的電池，有其歷史意義。過去曾有過實用價值，現在仍是說明電池原理時常用的例子。

在鋅銅電池以前，人們會使用伏打電池。不過伏打電池在開始使用後不久，電壓便會下滑，並產生氣體。伏打電池的反應原理在說明上比較困難一些，所以現在只剩下列在教科書上的歷史價值。

一次電池與二次電池

一般來說，我們會將電池分成只能使用一次的一次電池，以及充電後可繼續使用的二次電池。一次電池包括碳鋅電池、鹼性（鋅錳）電池、鹼性鈕扣電池、鋰電池等；二次電池則包括鎳鎘電池、鎳氫電池、鋰離子電池、鉛蓄電池等。

鉛蓄電池

以下就來介紹二次電池中歷史最悠久，現實應用中也扮演重要角色的鉛蓄電池。鉛蓄電池的正極活性物質為多孔性二氧化鉛（Ⅳ）PbO_2，負極活性物質為海綿狀的鉛Pb，電解液為33~37%左右的硫酸H_2SO_4水溶液。電動勢約為2.0伏特。

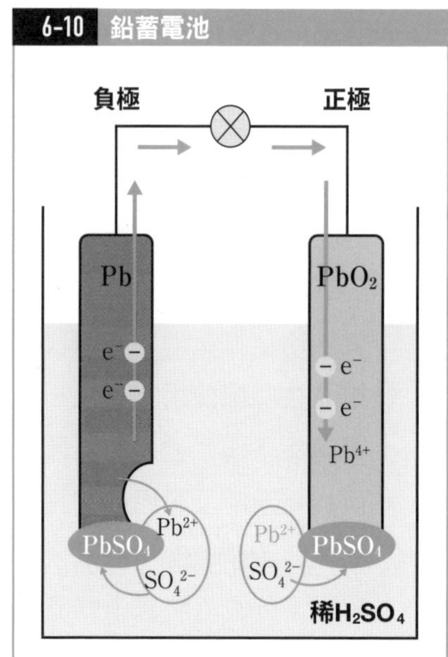

鉛蓄電池內含有二氧化鉛（Ⅳ）PbO_2、鉛Pb，以及硫酸鉛（Ⅱ）$PbSO_4$。PbO_2與$PbSO_4$皆不溶於水。

放電（將電池接上電路，產生電流）時，Pb會釋放出電子（電子會由負極經電路流向正極），轉變成鉛（Ⅱ）離子Pb^{2+}，再與硫酸中的硫酸根離子$SO_4{}^{2-}$結合生成硫酸鉛（Ⅱ），附著在極板上。

【負極】$Pb + SO_4{}^{2-} \rightarrow PbSO_4 + 2e^-$

正極的PbO_2可接收電子、硫酸根離子$SO_4{}^{2-}$、氫離子H^+，產生以下反應。

【正極】$PbO_2+4H^+ + SO_4{}^{2-} +2e^- \rightarrow PbSO_4+2H_22O$

負極的Pb被氧化，正極的PbO_2被還原，兩者都變成了$PbSO_4$。全反應如下。

$$Pb+ PbO_2+2H_2 SO_4 \rightarrow 2PbSO_4+2H_2O$$

長時間使用後電壓會下降，同時硫酸密度也會降低，故我們可以從硫酸密度得知充放電狀況。

將正極接上外部直流電源的正極端子，負極接上直流電源的負極端子，產生逆向電流，便能產生放電反應的逆反應，使電極與電解液恢復到原本的狀態，恢復電池的電壓。這個過程就是**充電**。

水的電解需使用氫氧化鈉水溶液

國中自然科學學到的水的電解

國中自然科學的化學變化實驗中，會加熱碳酸氫鈉，得到碳酸鈉與二氧化碳；以及將氫氧化鈉溶於水中通電，生成氫氣與氧氣。

↓電能

$2H_2O \rightarrow 2H_2 + O_2$

電解水時，會產生氫氣與氧氣，體積比為氫氣:氧氣=2:1。預先將氫氧化鈉溶於水，是為了讓電流容易通過。確實，純水不容易導電，無法直接電解。

電解為電池的逆向反應

電池與電解互為逆向反應。兩者都涉及電極、溶質、溶劑之原子、分子、離子的獲得或失去電子（電子的來去）。電池內有傾向失去電子的負極活性物質，以及傾向獲得電子的正極活性物質。負極活性物質釋出（失去）電子，正極活性物質接受（獲得）電子，使電子從電池負極經電路回到電池正極。而在電解過程中，電極、溶質、溶劑的原子、分子、離子中，最容易氧化者（巨觀下的物質，微觀下的原子、分子、離子）會釋放電子至陽極，最容易還原者則會從陰極接收電子。不僅離子會參與這種電子的來去，原子、分子也可能會參與。

氫氧化鈉 NaOH 水溶液的電解

試考慮以碳（或鉑）為電極，電解氫氧化鈉水溶液時的反應。

電解時，與電池正極相連的電極為陽極，與電池負極相連的電極為陰極。氫氧化鈉水溶液中有水H_2O、鈉離子Na^+、氫氧根離子OH^-，以及極微量的氫離子H^+。H^+的含量過低，可無視。

對氫氧化鈉水溶液施加電壓，使電流通過。陽極附近有H_2O與OH^-可釋放出電子，此時會由OH^-釋放電子，產生以下反應，生成氧氣。

$4OH^- \rightarrow 2H_2O + O_2 + 4e^-$　①

若為pH值大於12的鹼性水溶液，會有充足的OH^-，故由OH^-釋放出電子。

陰極附近有H_2O與Na^+可接受電子，此時會由H_2O接受電子，產生以下反應，生成氫氣。

$2H_2O + 2e^- \rightarrow 2OH^- + H_2$ ②

為使釋放與接受的電子物質量相同，需以①+2×②的方式整理，得到以下結果。

$2H_2O \rightarrow 2H_2 + O_2$

結果就是水的電解。

6-11 氫氧化鈉水溶液的電解

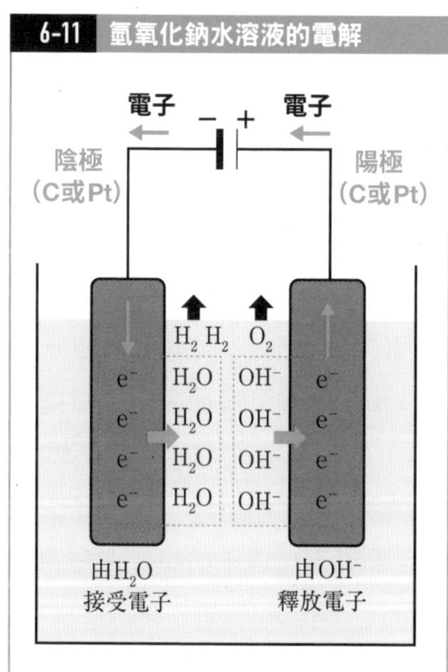

碳電極、硫酸 H_2SO_4 水溶液的電解

硫酸水溶液中，含有水H_2O、氫離子H^+、硫酸根離子SO_4^{2-}，以及極微量的氫氧根離子OH^-。OH^-的含量過低，可無視。

對硫酸水溶液施加電壓，使電流通過。陽極附近的H_2O會釋放出電子，並生成氧氣。

$2H_2O \rightarrow O_2+4H^++4e^-$　　①

若為pH小於2的酸性水溶液，陰極附近有充足的H^+，故由H^+接受電子，產生以下反應，生成氫氣。

$2H^++2e^- \rightarrow H_2$　　②

為使釋放與接受的電子物質量相同，需以①+2×②的方式整理，得到以下結果。

$2H_2O \rightarrow 2H_2 + O_2$

結果也是水的電解。

硫酸鈉 Na_2SO_4 水溶液的電解

硫酸鈉Na_2SO_4水溶液為中性，含有水H_2O、鈉離子Na^+、硫酸根離子SO_4^{2-}，以及極微量的氫離子H^+與氫氧根離子OH^-。

硫酸根離子SO_4^{2-}、硝酸根離子NO_3^-、鉀離子K^+、鈉離子Na^+、鎂離子Mg^{2+}、鋁離子Al^{3+}等，以上物質被氧化、被還原的難度，都比H_2O還要高。

Na_2SO_4水溶液中的Na^+、SO_4^{2-}，被氧化、被還原的難度都比H_2O高，所以陽極與陰極都是由H_2O進行電子的授受。

【陽極】$2H_2O \rightarrow O_2+4H^++4e^-$

【陰極】$2H_2O+2e^- \rightarrow 2OH^-+H_2$

陽極、陰極附近水溶液的電子授受

讓我們整理一下前面的內容。**如果陽極附近存在比水H_2O更容易被氧化的物質，那麼該物質就會釋放出電子**，譬如氯離子Cl^-、氫氧根離子OH^-等。**如果陰極附近存在比水H_2O更容易被還原的物質，那麼該物質就會接受電子**，譬如銅（II）離子Cu^{2+}、氫離子H^+等。如果水溶液中只有比H_2O更難氧化還原的物質（如硫酸根離子SO_4^{2-}、硝酸根離子NO_3^-、鉀離子K^+、鈉離子Na^+、鎂離子Mg^{2+}、鋁離子Al^{3+}等），就會由H_2O進行電子的授受。

電解氫氧化鈉水溶液、硫酸水溶液、硫酸鈉水溶液（中性）時，陽極、陰極的反應如下。

【陽極】（生成氧氣）…在氫氧化鈉水溶液等$pH>12$的溶液內，

$4OH^- \rightarrow 2H_2O+O_2+4e^-$

其他pH值下，

$2H_2O \rightarrow O_2+4H^++4e^-$

【陰極】（生成氫氣）…在硫酸水溶液等$pH<2$的溶液內，

$2H^++2e^- \rightarrow H_2$

其他pH值下，

$2H_2O+2e^- \rightarrow 2OH^-+H_2$

有時電極會溶解在溶液中

與水相比，碳電極（石墨C）、鉑電極（Pt）較難被氧化還原，所以電解水溶液時，這些電極不會有任何變化。沒有水的話，碳電極就會參與反應（→鋁的熔鹽電解）。銅Cu電極比水還要容易氧化，所以以銅電極為陽極，電解氫氧化鈉水溶液時，銅會溶解在水中。反應式為$Cu \rightarrow Cu^{2+}+2e^-$

離子化傾向大的金屬可由熔鹽電解製備

鋁的熔鹽電解

鈉Na^{+}、鉀K^{+}、鈣Ca^{2+}、鎂Mg^{2+}、鋁Al^{3+}皆為離子化傾向大的金屬。即使電解含有這些金屬之鹽類的水溶液，陰極仍是由水H_2O接受電子，生成氫氣，不會生成金屬單質。**若要製備這些金屬單質，需加熱其無水化合物，使其成為熔融態，再進行電解**。因為沒有水，所以這些化合物的金屬離子會在陰極接受電子，生成金屬單質。這種方法叫做**熔鹽電解**。

6-12 以熔鹽電解法製造鋁的過程

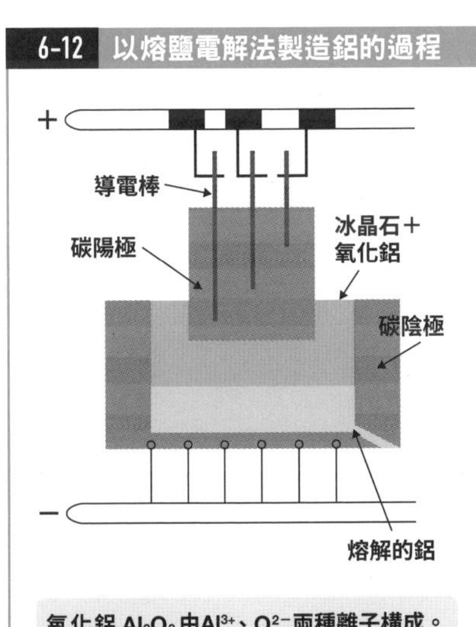

氧化鋁Al_2O_3由Al^{3+}、O^{2-}兩種離子構成。Al^{3+}會在陰極轉變成Al，O^{2-}會在陽極與碳電極的碳結合，生成CO_2

鈉Na、鉀K、鈣Ca、鎂Mg、鋁Al可由熔鹽電解製造。

製造鋁時，可先由礦石中的鋁礬土分離出氧化鋁Al_2O_3，再加入冰晶石Na_2AlF_6這種氟化物，加熱至1000℃，使其呈熔融態，再電解生成鋁。製造鋁時需要大量電力，所以鋁在日文中也叫做電能的聚合體或電能罐。

鋁的電解法的發明故事

鋁的礦石，鋁礬土含有40~60% 的氧化鋁。鋁礬土精煉後可得到氧化氮。氧化鋁的鋁與氧結合力非常強，但如果用鈣這種離子化傾向非常強的金屬還原，就可以提煉出鋁。不過，用這種方法提煉鋁的成本非常高，不適合用於大量生產。

於是人們改用電能，嘗試電解鋁鹽以提煉出鋁。不過，將硝酸鋁等鹽類溶於水，施加電壓通以電流後，被電解的是水。陰極接受電子的不是鋁離子，而是水分子，於是人們想到應該要使用**無水電解**法。不過，要將鋁熔化成液態，需要2000℃以上的高溫。

面對這個難題，兩名青年想到「或許有某種物質，可以在比2000℃低許多的溫度下熔化成液態，且這種物質可以溶解氧化鋁，這樣就能用來電解氧化鋁了」。

經過一番調查，兩人找到了格陵蘭的乳白色冰晶石。**將冰晶石熔化成液態，然後加入氧化鋁，可溶解到10% 左右。接著將電極插入液體通電，便可在陰極析出金屬鋁**。1886年，美國的霍爾（1863～1914），發現了這種方法。兩個月後，法國的埃魯（1863～1914）也發現了這種方法。現在鋁的工業製造仍在使用這種方法，並稱其為霍爾—埃魯法。

第 7 章

有機物的世界

第 7 章概覽

19世紀初，化學家們曾認為「有機物質無法以人工方式製造」。

不過1828年時，德國的化學家維勒，加熱無機物中的氰酸銨，以人工方式製造出了有機物中的尿素。

維勒以人工方式製造出尿素後，科學家陸續發現，多種有機物皆能用無機物為材料，以人工方式製成。

於是科學家們不再把有機物視為「生物等有生命力的有機體製造出來的物質」，而是定義「以碳為骨架，接上許多氫，可得到碳氫化合物。以碳氫化合物為基礎，並含有氧、氮等元素的物質，稱做有機化合物」（原本被視為礦物的鑽石、石墨（碳單質）、碳酸鹽類等，仍屬於無機物）。

在最終章，我們將討論為什麼在19世紀以前，無法以人工方式製造有機物？為什麼碳是有機物的中心原子？有機物原子之間如何結合？有機物的原子如何反應？等問題。

第7章 概覽圖

19 世紀時，科學家成功用無機物製造出「人造有機物」。

能量之山（活化能）

活化能越高，越難進行化學反應

電負度

原子的鍵結

取代反應、加成反應

- 取代反應為某原子取代其他原子的反應
- 加成反應為切斷分子的雙鍵，使其他原子或原子團附加在分子上的反應。

苯的結構式

官能基

接在碳氫化合物的碳骨架上，決定該化合物之性質的原子或原子團

縮合反應、脫水縮合反應

重合

1 加成聚合　　**2 縮和聚合**

由無機物成功製造出有機物

由無機物製造出尿的成分——尿素

拉瓦節時代的化學家，將構成生物體的物質稱做「有機物」（也叫做有機化合物），其他物質則叫做「無機物」。或者說，**「有機物」就是由生物等有生命力的有機體製造出來的物質**。

生物可製造出許多物質，譬如蔗糖、澱粉、蛋白質、醋酸（醋的成分）、乙醇等，這些物質都屬於有機物。相對於此，**無機物則是水、岩石、金屬等，不需要生物作用就能製造出來的物質**。

長期以來，人們認為「有機物無法以人工方式製造」。這是19世紀初的化學界主流想法。當時的人們認為有機物是特別的物質。到了1828年，德國化學家**維勒**（1800～1882）加熱無機物中的氰酸銨，成功以人工方式製造出了尿素這種有機物。維勒思考「我成功在不使用人或狗的生理功能下，製造出了尿素。……這種以人工方式製造出來的尿素，或許是用無機物製造出有機物的一個例子」。

在這之後，**科學家陸續發現，多種有機物皆能用無機物為材料，以人工方式製成**。幾乎所有有機物都有碳骨架，於是科學家們開始將「碳骨架與氫結合而成的碳氫化合物，再加上氧原子或氮原子等所形成的物質」視為有機化合物的新定義。其中，鑽石、石墨（碳單質）、碳酸鹽類等，原本就被視為礦物，故仍被視為無機物。二氧化碳、一氧化碳、氰化氫亦同。

為什麼很難用人工方式製造有機物？

能量之山（活化能）

混合氫氣與氧氣後，如果只是靜置不動，並不會產生反應。**需以適當比例混合並點火，才會產生火花，劇烈反應生成水**。在這個反應中，假設斷開了兩份「氫分子的氫原子—氫原子鍵結」、斷開了一份「氧分子的氧原子—氧原子鍵結」，就會生成新的四份「氫原子—氧原子鍵結」。

氫原子與氧原子的能量都比水高，但混合後並不會自然發生化學反應。事實上，氫氣與氧氣反應生成水的過程中，需越過「能量之山」（活化能）。我們爬山的時候，越高的山就越難越過山頂。同樣的，**化學反應中，「能量之山」越高，反應就越難進行**。之所以要點火，**就是為了越過這個山。在越過這個能量之山後，才會釋放出「氫氣與氧氣的能量」與「水的能量」的能量差，使反應持續進行**。

圖 7-1 活化能的概念圖

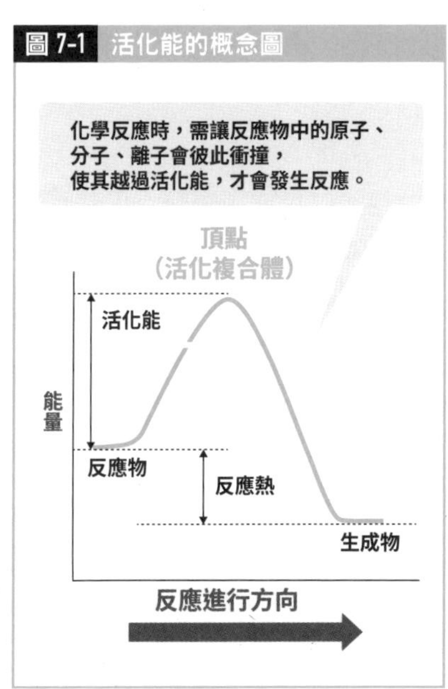
化學反應時，需讓反應物中的原子、
分子、離子會彼此衝撞，
使其越過活化能，才會發生反應。
頂點
（活化複合體）
活化能
能量
反應物
反應熱
生成物
反應進行方向

一般進行化學反應時，常碰到「如果混合後不會發生反應，就加熱」的情況。這是為了讓反應物越過能量之山。

催化劑可以降低活化能之山

催化劑（觸媒）可降低能量之山，使反應變得容易進行。國中自然科學製備氧氣的實驗中，會要求學生「將二氧化錳加入稀過氧化氫水中」，這裡的二氧化錳就是催化劑。稀過氧化氫水若放置不管，並不會輕易分解，但如果加入二氧化錳，便能迅速分解成氧氣與水。

此時的二氧化錳在反應前後並不會改變，卻能促進反應進行，這種物質就叫做**催化劑**。催化劑基本上不會寫在化學反應式中，所以「將二氧化錳加入稀過氧化氫水中」時產生的反應，化學反應式如下。

$$2H_2O_2 \rightarrow O_2+2H_2O$$

有時候會在箭頭上方標示MnO_2。

有催化劑時，反應速度較快，可在短時間內得到想要的生成物。**使用催化劑後，可降低反應需要的活化能之山，加快反應速度**。

圖 7-2 催化劑可降低活化能

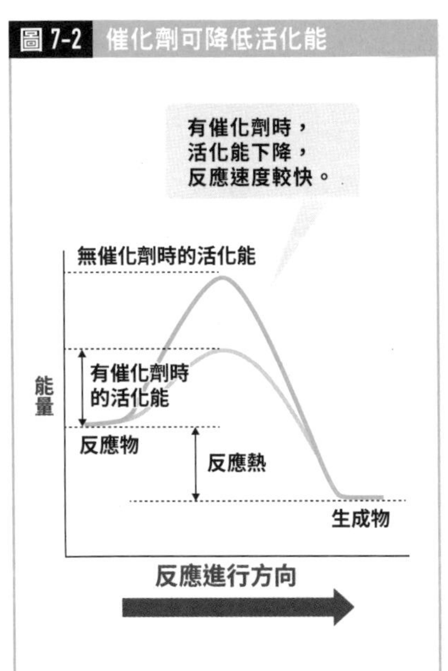

促進生物體內化學反應的酵素

催化劑可以是固態、氣態、液態。在催化劑發揮作用時，自身也會發生變化，但在反應完成後會變回原樣，所以催化劑的量在反應前後不會有任何變化。

生物體內需規律性地進行食物的消化與吸收、呼吸、運輸、代謝、排泄……等各式各樣的化學反應，以維持「生存」的狀態，此時便需要各種酵素協助。人類體內約有5000種酵素，每種酵素有專門負責的反應，彼此不會干涉。如果沒有酵素的話，就不會有生命活動。

一般而言，若沒有催化劑，生物體內化學反應的速度會大幅降低。因為體內有能加速反應的催化劑——酵素，細胞才能順利進行各種反應。以前我們不曉得這些酵素的存在，所以很難在體外（試管內）的化學反應中製造出有機物。1828年，德國化學家維勒由無機物製造出有機物中的尿素，可以說是一項劃時代的研究成果。

在這之後，科學家們在實驗室、工廠內，陸續製造出過去被認為無法人工製造的有機物，以及自然界不存在的有機物。在這個過程中，催化劑扮演著相當重要的角色。

你我身邊的催化劑

催化劑在化學工業上扮演著相當重要的角色。使用氮氣與氫氣製造氨的**哈伯博施法**之所以能開發成功，鐵觸媒的使用也是重要原因之一。包括藥物合成在內，幾乎所有化學工業中的化學反應，都會依照反應性質使用適當催化劑。

在我們的周遭，以汽油引擎驅動的汽車，就會使用鉑做為觸媒。這些觸媒可分解（還原）廢氣中的氮氧化物，使廢氣變得比較乾淨。

由「電負度」數值看出元素的性質

元素的電負度

電負度是個很重要的數值，表示原子吸引共用電子對的強度。我們已在第3章第126頁中，稍微提到了電負度。

原子會拿出自己的電子，用於與其他原子結合成分子。此時，原子與原子之間會形成共用電子對。不過分子內各個原子吸引電子的能力，會依元素種類而有所差異。原子吸引共用電子對的強度，就是所謂的電負度。無化學活性的惰性氣體則不考慮其電負度（不過，氪、氙、氡有其電負度數值）。

從週期表中也可以看出電負度的趨勢。從鹼金屬到鹵素，同一個週期中，越靠右邊的元素電負度越大。這是因為越右邊的元素，原子核內的質子越多，越能吸引共用電子對的關係。不過，過渡元素（第3～12族）就沒有這種傾向了。同一族中，越上方的元素，電負度就越大。這是因為同族元素中，位於越上方的元素，原子越小。雖然下方元素的原子核質子數較多，但上方較小的原子中，原子核與共用電子對的距離較短，對吸引電子的能力影響較大。也就是說，週期表中越靠右邊的元素，電負度越大；越靠上方的元素，電負度也越大。因此，電負度最大的元素為氟，再來是氧，然後是數值差不多的氮與氯。這些都屬於「陰性較強」（易形成陰離子）的元素。

週期表最左側的鹼金屬，為電負度最小的原子，屬於「陽性較強」（易形成陽離子）的元素。

在氫分子H-H中，共用電子對不會特別偏向哪個原子。不過在氯化氫分子H-Cl中，共用電子對會被電負度較大的氯原子吸過去一些。像這種共用電子對偏向其中一個原子的情況，就叫做「鍵結有極性」。

以水分子而言，氧原子與氫原子中，電負度較大的氧原子較能吸引電子，故能產生極性。而水分子中有兩個氫與氧的鍵結，故有兩個極性向量（有各自的方向與大小），兩個向量合成後可得到分子整體的極性。

電負度大的原子與電負度小的原子以共價鍵結合成分子時，原子間會產生極性。如果一個原子吸引電子的能力，強到會把對方的電子完全吸引過來，則會形成離子鍵。

電負度越大，越容易形成陰離子；電負度越小，越容易形成陽離子。

圖 7-3 電負度

電負度為衡量共價鍵中，原子對共用電子對之吸引力強度的尺度。當兩原子電負度不同時，共用電子對會被電負度較強的原子吸過去。譬如HCl中，H(2.2)、Cl(3.2)，故電子分布會偏Cl這邊。

週期　大

族　大

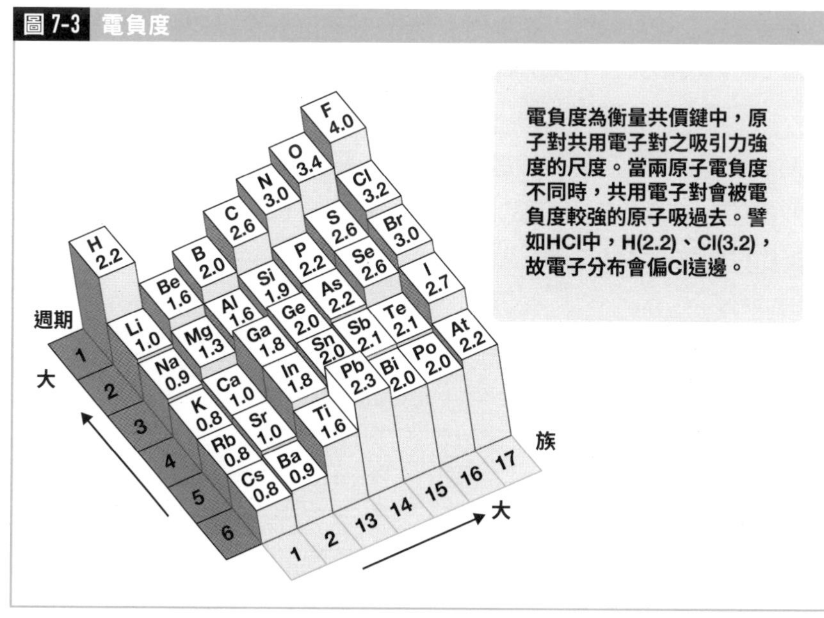

由電負度的角度，說明為什麼碳會是有機物的中心原子

同屬週期表第14族的元素中，第2週期的碳C為有機物的主角，第3週期的矽Si則是礦物，也就是無機物的主要構成元素，兩者可互為對照。碳的電負度為2.6，不易成為陽離子，也不易成為陰離子。

有機物，即碳化合物骨架的碳—碳共價鍵相當強。可建構出甲烷、丙烷等短鏈化合物，到石蠟（蠟燭的主要成分）等長鏈化合物。

此外，碳—碳共價鍵不是只有單鍵，也可以形成雙鍵、三鍵，建構成多種分子。

與碳原子形成共價鍵的對象也不是只有碳原子。氧原子與氮原子也可與碳原子形成穩定的共價鍵，所以碳原子可做為有機化合物的骨架。一般的有機化合物中，由多個碳原子形成穩定的共價鍵以構成骨架，包含雙鍵、三鍵等，相當多樣，再加上C-O鍵等其他鍵結，可建構出大大小小的各種分子骨架。

不過，用於建構有機化合物的元素種類並不多。

除了必定含有的碳與氫元素之外，主要元素還包括氧與氮，另外再加上鹵素（氟F、氯Cl、溴Br、碘I）、硫S、磷P、矽Si等，大約只含有十多種元素。

碳原子有四個鍵，可構成有機物的骨架

把原子的鍵結想成是手

構成有機物的原子，包含碳C、氫H、氧O、氮N、氯Cl、碘I、硫S，想像這些原子擁有數隻用於鍵結的手。碳原子的4個最外層電子皆為不成對電子。不成對電子（孤立的單一電子）能與其他原子的不成對電子形成共價鍵，使兩原子結合在一起。碳原子的原子價為4，可視為碳原子周圍有4隻用於鍵結的手。形成化學鍵時，可視為原子的鍵結手與其他原子的鍵結手牽在一起。氫原子有1隻

圖 7-4 鍵結手與鍵結方式的例子

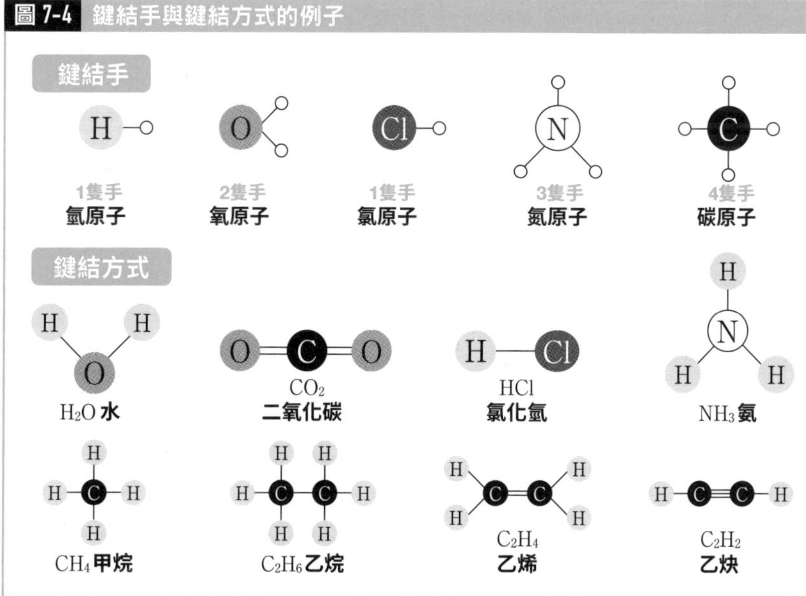

鍵結手、氧原子有2隻、氮原子有3隻、氯與碘原子有1隻、硫原子有2隻。

碳原子間以單鍵結合而成的碳氫化合物——烷

烷包括甲烷CH_4、乙烷C_2H_6、丙烷C_3H_8、丁烷C_4H_{10}等，為碳原子間以單鍵相連的**飽和碳氫化合物**。

甲烷CH_4為最簡單的碳氫化合物。**分子形狀為正四面體，中心有個碳原子C，四個頂點皆有一個氫原子H**。甲烷為天然氣的主要成分。除了甲烷之外，天然氣還含有乙烷、丙烷等，屬於石化燃料。日本為天然氣進口國，其中約三成為都市天然氣的原料，約六成則做為發電用燃料。

在都市天然氣未能供應的區域，丙烷C_3H_8可做為家庭用燃料。丁烷C_4H_{10}可用於瓦斯爐燃料或打火機燃料。生產丙烷與丁烷的方式為蒸餾原油。蒸餾原油時，沸點相似的成分會陸續分餾出來，丙烷與丁烷是最後分餾出來的成分。有時候，我們必須明確寫出分子的立體結構，才能確定是指哪個分子。譬如胺基酸、糖等分子，會有鏡像異構物（以前叫做光學異構物）的問題。不過有機分子的立體結構相當複雜，通常我們會用短線段表示各原子間的共價鍵，把有機分子寫成平面結構式，或者簡單寫成示性式。

圖7-5 甲烷分子模型

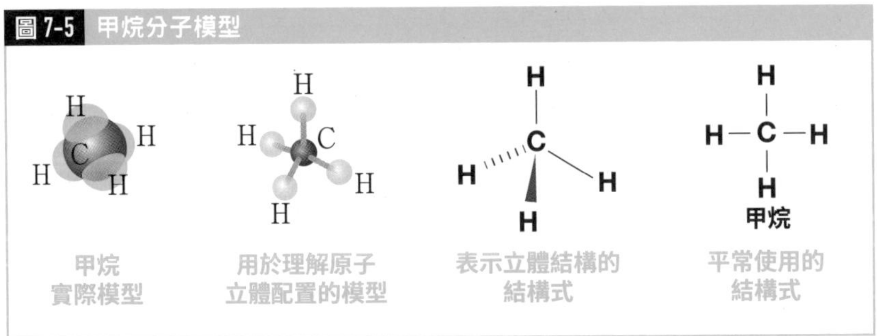

圖 7-6 平面結構式與示性式

平面結構式

	甲烷	乙烷	丙烷
示性式	CH_4	CH_3-CH_3	$CH_3-CH_2-CH_3$

丁烷 C_4H_{10} 的結構異構物

烷類分子包括甲烷 CH_4、乙烷 C_2H_6、丙烷 C_3H_8、丁烷 C_4H_{10}……等，一般式為 C_nH_{2n+2}。由平面結構式可以看出每個C的上下各有一個H，分子兩端又各有一個H。**分子為H-CH_2-…-CH_2-H，有n個(CH_2)，為 C_nH_{2n}，最後再加上兩端共兩個H，得到 C_nH_{2n+2}。**

有機物中，有些分子的化學式（分子式）相同，即C與H的個數相同，但分子的結構不一樣，這些分子稱做異構物。異構物的沸點、熔點皆不相同，為不同物質。舉例來說，乙烷 C_4H_{10} 就有以下兩種異構物。這種結構不同的異構物，稱做**結構異構物**。四個碳以上的烷類，會存在結構異構物。

圖 7-7 丁烷與異丁烷

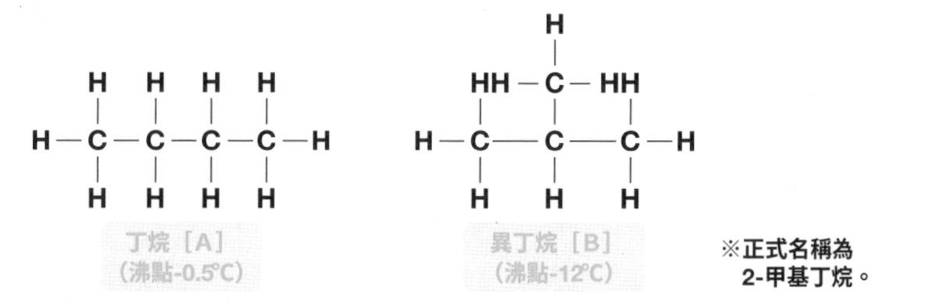

乙烯為鏈狀不飽和碳氫化合物中，結構最簡單的物質

未成熟的綠色香蕉在進口後，用乙烯使其成熟

未成熟的香蕉外皮為綠色，成熟過程中，外皮會轉變成黃綠色，再轉變成黃色，果實也會逐漸變甜，得以入口。

日本有植物檢疫法，禁止進口已成熟的黃色香蕉。成熟的香蕉很有可能含有寄生蟲，會危害日本國內的農作物，所以進口商需採購未成熟便採收、沒有寄生蟲的香蕉。

綠色香蕉進口後會放入熟成室，用乙烯催熟5～6天後才會出貨。用乙烯催熟香蕉，可讓香蕉將內含的澱粉轉變成有甜味的蔗糖、葡萄糖、果糖，皮的顏色也會從綠色轉為黃色。

乙烯除了用於催熟香蕉之外，也可催熟蘋果、柿子、哈密瓜、梨子等水果。

不過，成熟的蘋果果實本身也會釋放出大量乙烯，一不小心就會過熟，與其他果實一起存放時須特別注意。

乙烯除了能讓水果成熟之外，也與植物開花、落葉有關。乙烯是一種植物激素。

含有雙鍵的鏈狀不飽和碳氫化合物——烯

最簡單的烯為乙烯。分子式（化學式）為C_2H_4，示性式為$CH_2=CH_2$。

圖 7-8 乙烯的立體結構、結構式、示性式

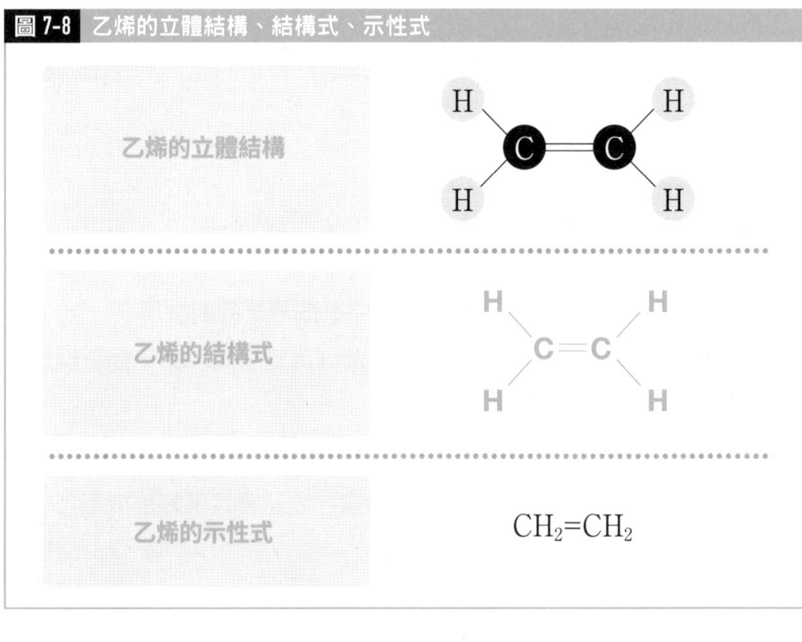

甲烷的取代反應

取代反應是某個原子取代另一個原子的反應。舉例來說，氫原子H與氯原子Cl用於鍵結的手只有1隻，這可能會讓人以為H與Cl能輕易發生取代反應，但即使我們將甲烷CH_4與氯氣Cl_2混在一起，也不會自然反應。不過在紫外線的照射下，可打斷Cl-Cl之間的鍵結，生成氯的自由基Cl·（擁有不成對電子的氯原子）。氯自由基Cl· 相當不穩定，活性很高，會切斷CH_4中的一個C-H鍵，取代H與C結合。於是，CH_4的一個H便被Cl取代，變成了氯甲烷CH_3Cl。

這個反應的化學反應式如下。

$CH_4+Cl_2 \rightarrow CH_3Cl+HCl$

反應完成的氯甲烷CH_3Cl再與氯氣混合，會產生相同的反應，

生成二氯甲烷CH_2Cl_2。二氯甲烷繼續與氯氣反應的話，可生成三氯甲烷（氯仿）$CHCl_3$。三氯甲烷繼續與氯氣反應的話，可生成四氯甲烷CCl_4。

像是乙烯這種有雙鍵的分子，容易發生加成反應

加成反應是**切斷雙鍵，加上其他原子或原子團的反應**。

事實上，**碳碳雙鍵中，一個鍵與碳碳單鍵相同，另一個鍵則比碳碳單鍵還要弱，容易切斷**。

舉例來說，使乙烯與溴Br_2作用，會讓溴的顏色消失。溶有溴Br_2的溴水為褐色透明液體，通入乙烯後，液體會逐漸轉變成無色。

這是因為溴水中的溴Br_2逐漸消失。溴分子的兩個Br會分別與形成雙鍵的兩個C結合。這個乙烯與溴的加成反應中，雙鍵會變為單鍵，生成1,2-二溴乙烷。

圖 7-9 加成反應

$$H_2C{=}CH_2 + Br{-}Br \rightarrow CH_2Br{-}CH_2Br$$

乙烯　　二溴乙烷

乙烯為石化工業產品的主要初始原料

生產乙烯時，需將原油分餾後得到的物質高溫分解。石油不僅是能量來源，也是製造各種物質的原料，是十分重要的資源。

石化產品包含了我們日常生活中不可或缺的醫藥品、化學藥

品、塑膠、合成纖維、合成橡膠等。石化產品幾乎皆以乙烯、丙烯 $CH_2=CHCH_3$ 做為初始原料。

以石油為原料的化工業，從20世紀後半開始取代了以煤碳為原料的化工業，成為了有機化工業的核心。

以其他原子或原子團，取代乙烯 $CH_2=CH_2$ 的一個氫原子，可以得到各式各樣的物質。

以甲基 CH_3 取代氫原子，可得到丙烯 $CH_2=CHCH_3$。以氯原子取代，可得到氯乙烯 $CH_2=CHCl$。以CN這個原子團（腈基）取代，可得到丙烯腈 $CH_2=CHCN$。以苯環（$-C_6H_5$）取代，可得到苯乙烯 $CH_2=CHC_6H_5$。

圖 7-10 若改變乙烯的一部分……

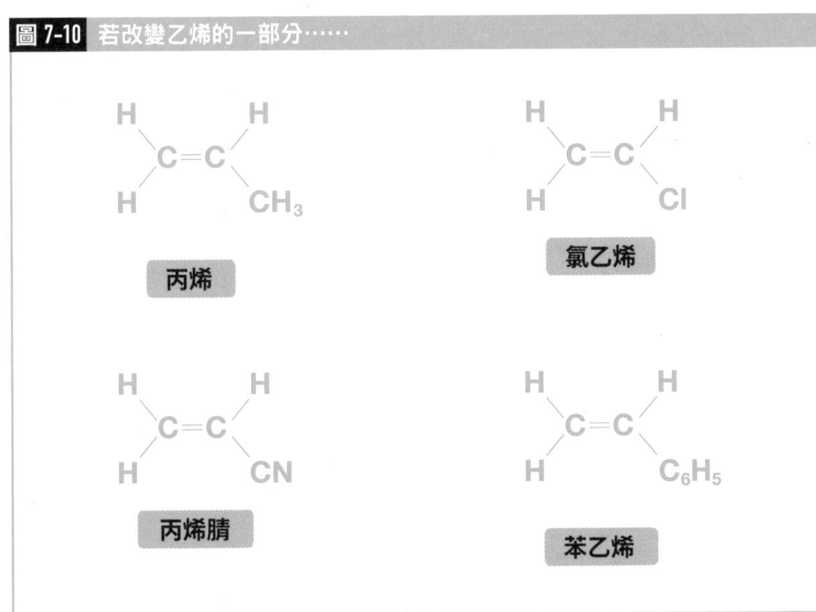

解開苯的結構式之謎的凱庫勒

苯(龜甲般)的結構

苯類化合物多有香味，所以含有苯環的化合物常總稱為芳香族化合物。**苯為苯環上僅含有氫原子的化合物**。

發現電磁感應，為現今用電文明打下基礎的英國科學家**法拉第**，曾加熱鯨油，從中提煉出苯，當時是19世紀初的1825年。

當時照明用的瓦斯燈，會使用加熱鯨油後得到的氣體作為燃料。這些氣體燃料的容器底部會蓄積一些液體，法拉第仔細研究了這些液體，並從中提煉出了苯。

後來，科學家確定苯的分子式為C_6H_6。己烷是一種烷類化合物，有6個碳且沒有雙鍵或三鍵，分子式為$C_6 H_{14}$。分子式為C_6H_6的苯，比己烷少了4個氫分子（8個氫原子）。所以當時的科學家一般認為苯的結構中應有數個雙鍵。

然而事情並沒有那麼簡單。雙鍵能與溴產生加成反應，但苯很難與溴產生加成反應。事實上，苯與其他有機化合物的反應活性相當低，故可用做有機溶劑。

許多科學家想試著回答為什麼苯的性質如此特殊。直到1865年，德國的**凱庫勒**才解開了這個謎題。

某天，凱庫勒在休息的時候，腦中突然浮現出一個彎曲呈環狀、首尾相接的碳鏈。於是他想到，苯的結構可能是由6個碳原子形成的封閉鏈狀結構。

原本學習建築學的凱庫勒，或許一開始就具備了將有機物的碳骨架結構視覺化的能力。

說明苯的結構時，常會用到猴子的插圖。在紀念凱庫勒的活動上，會發給參加者一張有這個插圖的卡片。猴子的一隻手會牽起另一隻猴子的手，表示以單鍵相連；另一隻手與尾巴則會牽起又另一隻猴子的手與尾巴，表示以雙鍵相連。

現在我們會在正六邊形中間畫一個圓，表示苯的結構。苯的雙鍵與單鍵會持續不斷地切換，碳與碳之間的鍵結，在某個瞬間會是雙鍵，下個瞬間會變成單鍵。或者也可以說，苯的相鄰碳原子之間的連結性質，介於雙鍵與單鍵之間，相當於1.5鍵，為共振結構。

苯的共振結構讓它十分穩定，只有在高溫、高壓下，才能進行加成反應。

圖 7-11 苯的立體形狀與結構

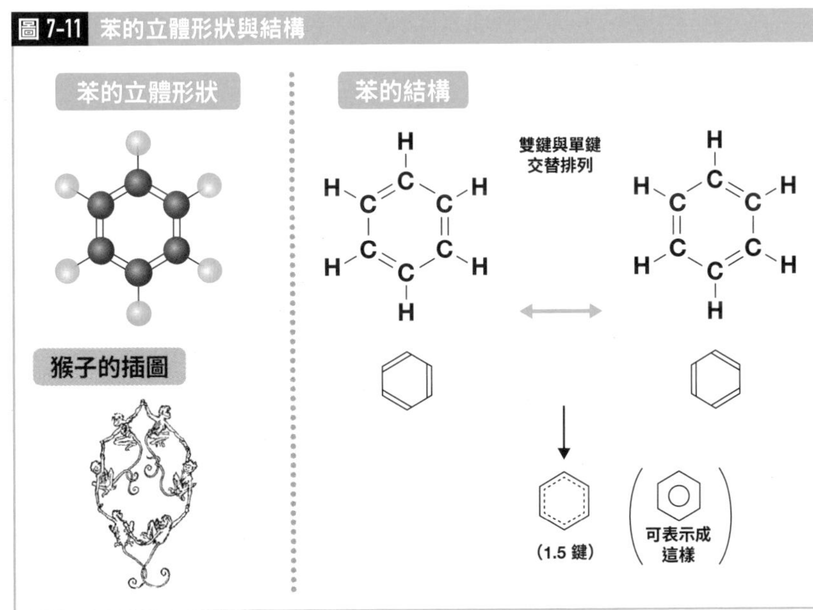

由官能基可以看出分子大致上有哪些性質

決定有機物性質的官能基

與碳氫骨架上的碳原子結合，決定有機化合物性質的原子或原子團，叫做官能基。**同一種官能基即使接在不同的碳氫骨架上，也會表現出相似的性質**。譬如蔗糖、乙醇都擁有-OH這個名為羥基的官能基。**OH基是與水的親和力相當高的官能基**。

一般來說，有機物的性質與油相近，通常難溶於水。不過，某些有機分子含有親水性高的OH基而易溶於水。碳氫骨架為疏水性，OH基則是親水性。碳氫骨架的碳數較少的含OH基化合物，譬如碳數為2的乙醇，能以任何比例與水混合，溶解度為無限大。若增加醇類的碳數，溶解度會越來越小。蔗糖分子骨架中有12個碳原子，卻有8個OH基，所以易溶於水。如果分子內有羧基-COOH，則屬於羧酸。

圖 7-12 能引起特定反應的官能基

由這個可以預測分子的性質

化學式	名稱	性質、特徵
C_2H_5OH	乙醇	中性、酒的成分
CH_3CHO	乙醛	有還原性、可產生銀鏡反應
CH_3COOH	醋酸	弱酸性、食用醋的成分
C_2H_5OC_2H_5	二乙醚	不溶於水，有麻醉作用

圖 7-13 主要的官能基

官能基結構	官能基名稱	物質的一般名稱	主要物質	主要特徵
—OH	羥基	醇	C_2H_5OH	中性
		酚	$C_6H_5—OH$	弱酸性
—CHO	醛基	醛	CH_3CHO	有還原性
>C=O	羰基	酮	CH_3COCH_3	中性
—COOH	羧基	羧酸	CH_3COOH	酸性
—COO—	酯	酯	$CH_3COOC_2H_5$	有芳香味
—O—	醚	醚	$C_2H_5OC_2H_5$	不溶於水
$—NO_2$	硝基	硝化物	$C_6H_5—NO_2$	黃色物質
$—NH_2$	胺基	胺	$C_6H_5—NH_2$	有鹼性

酒的釀造為酒精發酵的應用

狹義的酒精，指的是酒的成分，乙醇。

酵母等微生物的生命活動中，可能會製造出酒精，這種作用稱做**酒精發酵**。日本酒、啤酒、葡萄酒等釀造酒，都是運用酵母的酒精發酵製造出來的酒。

圖 7-14 酒精發酵

比較水與甲醇、乙醇的性質

將水分子 H-O-H 中的一個 H 以鏈狀烴基取代

廣義上的酒精（醇類），為烷基（僅含C與H，如甲基- CH_3、乙基- C_2H_5 等）上的C接上羥基-OH後形成的化合物。醇類的英文名稱是將同碳數烷類語尾（-e）改成ol。

甲烷 methane CH_4	…	甲醇 methanol CH_3OH
乙烷 ethane C_2H_5	…	乙醇 ethanol C_2H_5OH
丙烷 propane C_3H_8	…	丙醇 propanol C_3H_7OH
丁烷 butane C_4H_{10}	…	丁醇 butanol C_4H_9OH

擁有羥基-OH的有機物，有一定的親水性。試考慮以鏈狀烴基取代水分子H-O-H的一個H。若以甲基- CH_3 取代，可得到甲醇；若以乙基- C_2H_5 取代，可得到乙醇。甲醇、乙醇、丙醇的結構與水分子相似，故能與水以任何比例混合。但碳數為4的丁醇便難溶於水，易溶於有機溶劑。**碳數10以上的含羥基有機物，疏水性相當強，不溶於水**。

水會與鈉Na劇烈反應，生成氫氧化鈉與氫氣。如果是甲醇或乙醇，則會與鈉發生以下反應。

$$2CH_3OH + 2Na \rightarrow 2CH_3ONa + H_2$$

甲醇　鈉　甲醇鈉　氫氣

$$2C_2H_5OH + 2Na \rightarrow 2C_2H_5ONa + H_2$$

乙醇　　　　鈉　　　　乙醇鈉　　　　氫氣

丙醇、丁醇也會與鈉反應。反應的劇烈程度依序為水＞甲醇＞乙醇＞丙醇＞丁醇。醇類與鈉的反應，為水的羥基-OH的H，與Na的取代反應。

若水分子的兩個 H 皆被烴基取代，則會得到醚

若水分子的兩個H皆被烴基取代，則會得到醚。醚不含OH，不會與鈉反應，且不溶於水。

二乙醚$C_2H_5OC_2H_5$也簡稱乙醚，有麻醉作用，可做為有機溶劑使用。

乙醇與濃硫酸H_2SO_4混合，加熱至140℃後，可生成二乙醚。這裡的H_2SO_4為催化劑。此時，兩個乙醇分子會脫去一個水分子，結合在一起。這種「兩個以上的分子結合在一起，並脫去一個水之類的簡單分子」的反應，稱做縮合反應。如果脫去的是水分子，則稱做脫水縮合反應。

圖 7-15 乙醇、二乙醚

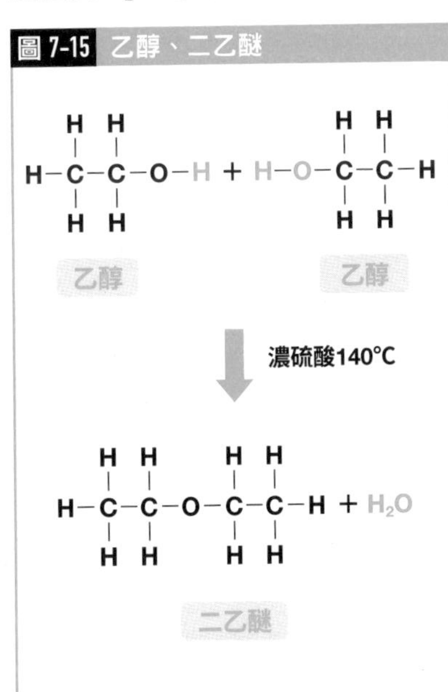

酒醉或宿醉都是由乙醇造成

酒醉與宿醉皆來自氧化反應，為有機反應的一種

有機反應中的氧化反應，可能是與氧原子結合，或是氫原子離開。喝酒後，人體內會產生氧化反應（去氫反應）。這裡讓我們來看看酒量好的人與酒量差的人，體內的化學反應有什麼不同。進入體內的乙醇，大部分會馬上被胃與十二指腸吸收，進入血液，送到肝臟。肝細胞的酒精去氫酶可氧化乙醇，得到乙醛，此時會去掉乙醇的兩個氫原子。

乙醛去氫酶可進一步氧化乙醛CH_3CHO（接上一個氧原子），生成醋酸CH_3COOH。醋酸可再經血液送到肌肉，分解成水與二氧化碳，這個過程可將大量能量送至體外，使身體變溫暖。

乙醛的毒性很強，會造成臉部發紅、頭痛、噁心等不適症狀，也就是所謂的酒醉與宿醉。在血液中的甲醛消失後，這些症狀也會跟著消失。人類處理乙醛的酵素主要為乙醛去氫酶一型與二型。二型只有在血液乙醛濃度低時才會作用，能在短時間內分解大量乙醛。不論是酒量好還是酒量差的人，只要酒醉程度相同，血中乙醇濃度也幾乎一樣。酒量好與酒量差的人，神經對乙醇的耐受度並沒有太大的差異。不過，酒量差的人喝酒後，體內乙醇濃度會迅速增加。**酒量好與酒量差的人的主要差異在於，氧化、分解乙醇的效率不同。酒量好的人，肝臟功能也比較好**。

基因上來說，約有40％日本人的乙醛去氫酶二型沒有活性。體內這種酵素沒有活性的人，喝酒後，血液中乙醛濃度會是有這種

酵素活性的人的10倍以上。所以沒有這種酵素活性的人會有相當嚴重的酒醉、宿醉情況。另一方面，白人與黑人幾乎都擁有有活性的乙醛去氫酶二型。酒醉與宿醉都是由乙醛引發。對於體內乙醛去氫酶二型沒有活性的人來說，需注意不要過度飲酒。

如果有人不小心喝下了甲醇CH_3OH，酒精去氫酶可將甲醇轉變成甲醛HCHO，接著再轉變成蟻酸HCOOH這種毒性很高的物質。視網膜上有許多酒精去氫酶，若這裡堆積過多蟻酸，會導致失明、視力下降。蟻酸會阻礙細胞運用氧氣時需要的酵素，細胞色素c氧化酶的作用。特別是視神經需用到大量氧氣，若攝取一定量以上的甲醇，就會造成眼睛異常。

圖 7-16 酒精的氧化反應

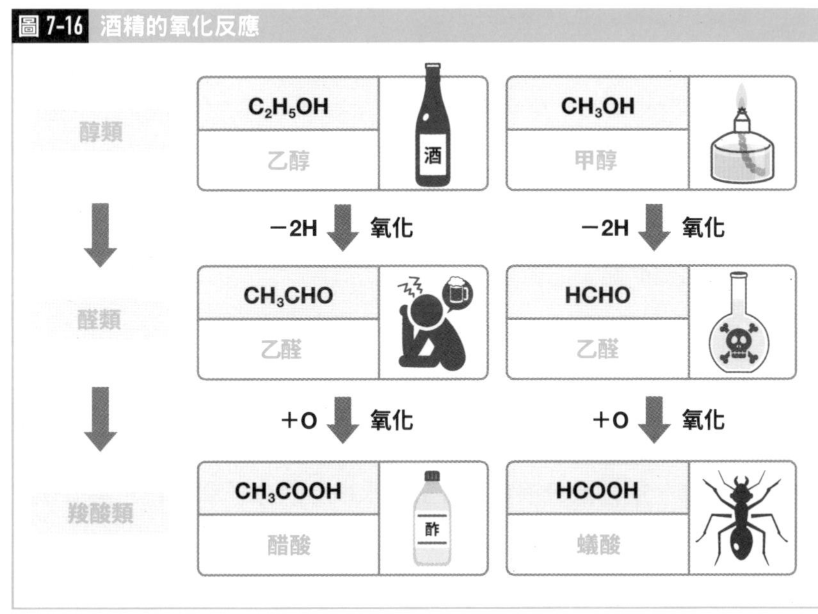

透過乙烯到聚乙烯的加成聚合反應，理解高分子化合物的形成

塑膠就是有可塑性的有機高分子化合物

塑膠（合成樹脂）有著「輕」、「容易加工」、「不易腐蝕」、「可大量生產」、「便宜」、「不導電且不導熱」等性質。另外，只要加熱或施力，就能將塑膠自由改變成任何形狀。**塑膠之所以是許多產業的常用材料，就是因為人們可以依照目的與用途，自由設計、製造出想要的塑膠成本**。

加熱或施力便能將材料改變成任意形狀的性質，稱做**可塑性**。塑膠的英文plastics，來自希臘語的「plastikos」（意為成長、發展、塑形），指的就是有可塑性的東西。

低分子與高分子

那麼，高分子的分子量與低分子有多少差異呢？像是水這種小分子，叫做**低分子**；像是蛋白質、澱粉等非常大的分子，叫做**高分子**。高分子是由數千個原子連接而成的巨大分子。**我們一般會用分子量為基準，區分低分子與高分子**。水H_2O的分子量為18，高分子的分子量可達數萬或數百萬。

單體與聚合物

高分子化合物也叫做**聚合物**，英文為polymer。「poly」在英

文中為「許多個」的意思。**多數高分子化合物為鏈狀細長分子，由一個個單位結構串聯而成，就像鎖圈串聯成鎖鏈那樣**。

我們可以把一個單體想成是一個迴紋針。將迴紋針一個個連接起來，可得到一條迴紋針鏈。同樣的，將數千、數萬，或者更多個單體連接成鏈，就可以得到聚合物。天然聚合物包括澱粉、纖維素、羊毛（角蛋白）、橡膠等。**塑膠是人類製造出來的聚合物**。

加成聚合與縮合聚合

單體一一連接起來，得到聚合物的過程，稱做聚合。

加成聚合相當於單體往左右各伸出一隻手，與其他單體相連，串聯成鏈狀分子的反應。縮合聚合則是兩種單體結合時，脫去一個水分子之類的簡單分子，並一個個連接起來的反應。**聚合物的性質**

圖 7-17 加成聚合與縮合聚合

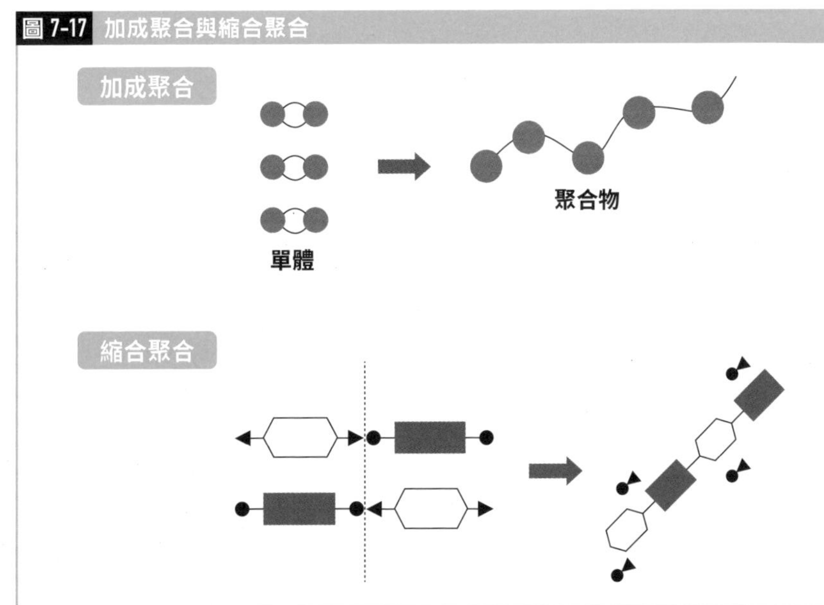

由反應物的種類，以及碳原子之間的連接方式決定。舉例來說，熱塑性塑膠這種聚合物，受熱後會變軟，冷卻後會變硬。熱固性塑膠這種聚合物在加熱後就不會再變形。

圖 7-18 加成聚合（從乙烯合成出聚乙烯）

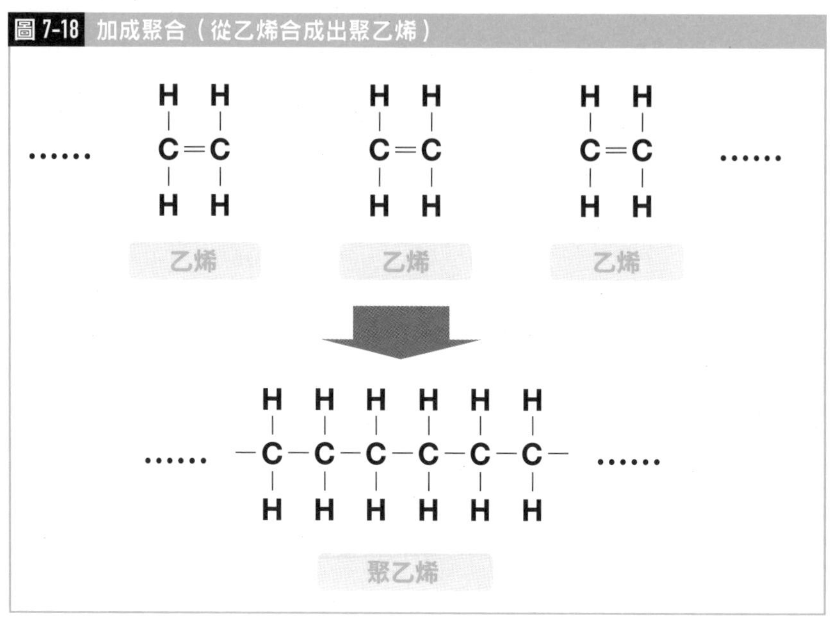

從乙烯到聚乙烯

在有良好催化劑的情況下，乙烯分子的雙鍵中，其中一個鍵會打開，與相鄰的乙烯分子形成新的鍵結。

於是，相鄰的乙烯分子又會再打開雙鍵，伸出手與下一個乙烯分子鍵結。

就這樣，加成反應持續發生。這種**由乙烯（單體）合成出聚乙烯（聚合物）的化學反應，稱做加成聚合**。

這種反應（加成聚合）的化學反應式如下圖所示。

[ ]$_n$的n，表示由n個[ ]內的結構串聯而成。

事實上，聚乙烯還可以分成密度小於0.91~0.94 g/cm^{3}的低密度聚乙烯，與密度大於0.94 g/cm^{3}的高密度聚乙烯。低密度聚乙烯的結晶區域較小，密度較低、顏色透明、質地柔軟，可用於製作塑膠袋或底片等輕薄的物質。

圖 7-19 加成聚合的化學反應式

$$n\,CH_2{=}CH_2 \xrightarrow{\text{加成聚合}} \left[CH_2{-}CH_2\right]_n$$

另一方面，高密度聚乙烯的結晶區域較大，密度較高、呈半透明狀、質地堅硬，可用於製作塑膠容器等輕而堅硬的容器。

低密度聚乙烯也叫做高壓聚乙烯。乙烯在高溫且1000大氣壓以上的高壓，可聚合成低密度聚乙烯。

高密度聚乙烯也叫做低壓聚乙烯。使用齊格勒催化劑（三乙基鋁與四氯化鈦），可在接近室溫的溫度、數個大氣壓的低壓環境下，合成出高密度聚乙烯。

將乙烯的相似物質當做單體

我們曾在第241頁中學過，用其他原子或原子團，取代乙烯$CH_2{=}CH_2$的一個氫原子，可以得到各種乙烯的相似物質。

譬如丙烯$CH_2{=}CHCH_3$、氯乙烯$CH_2{=}CHCl$、丙烯腈

圖 7-20 聚乙烯類高分子化合物

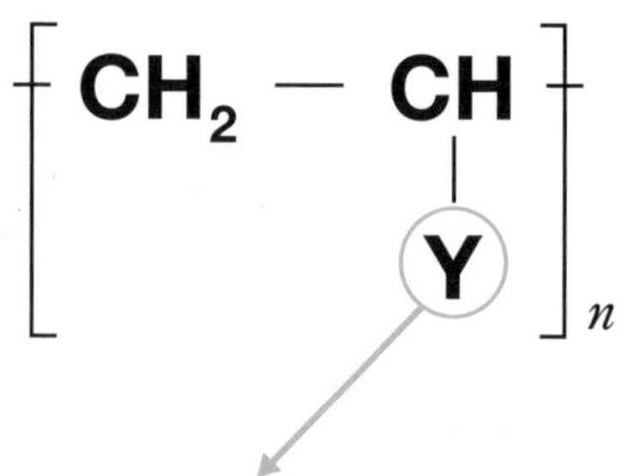

若為H，則是聚乙烯

若為CH_3，則是聚丙烯

若為Cl，則是聚氯乙烯

若為CN，則是聚丙烯腈

若為C_6H_5，則是聚苯乙烯

CH_2=CHCN、苯乙烯CH_2=CHC_6H_5等。

這些物質都含有**乙烯基**。**乙烯基為乙烯去掉一個氫的官能基，結構為H_2C=CH-。這個官能基就和乙烯一樣，可進行加成聚合**。以上單體物質可合成出聚丙烯、聚氯乙烯、聚丙烯腈（壓克力纖維）、聚苯乙烯（保麗龍）等聚乙烯類高分子化合物。

PET瓶（寶特瓶）的PET，指的是polyethylene terephthalate（聚對苯二甲酸乙二酯）

PET為PolyEthylene Terephthalate首字母的縮寫。PET由對苯二甲酸與乙二醇脫水縮合聚合而成。受限篇幅，本書未能詳細說明PET的性質。PET擁有大量酯鍵，稱做**聚酯纖維**，可用於製造合成樹脂與合成纖維。

結語

本書的目標讀者不只是高中生，還包括在日常生活或工作上，需要重學一遍化學的人。

我們的日常生活周圍有許多化學、化工相關產品，以及各種化學物質。但即使我們曾在高中學過化學，往往也會隨著時間的經過而逐漸忘記學習過的知識。讓這些人扎扎實實地再學一次化學，是本書的目標。本書並非一一列出高中化學單元，說「這個很重要、那個也很重要」；而是大膽精選了幾個化學單元，要讀者「學這個就好」，為讀者的化學學習打好基礎。本書也相當重視前人開闢化學這門學問的歷史。

我曾就讀工業高中的工業化學科，當時就對許多化學實驗，以及偏理論而不需記憶太多內容的「物理化學」很有興趣。之後在大學與研究所也主修物理化學，後來成為了自然科學、化學的老師。

我當老師的時候，會在上課時透過理論與實驗，說明物質世界的有趣之處。我曾做過很長一段時間的國中自然科學老師、高中化學老師，曾編著國中自然科學化學領域、高中化學領域教科書，也擔任過教科書編輯委員，還曾在大學中教授基礎化學。我便以這些經驗為基礎，執筆寫下這本書。

目標的內容難度相當於日本高中的「化學基礎」，有時候則會從國中自然科學的知識出發，以「故事性」的方式說明化學。因為我認為，如果要用這些知識幫助工作或學業，就不該分成多個單元分散學習，而是要系統性地學習，這樣一定會更有效率。

最後我要感謝《RikaTan》（理科探險）雜誌編輯委員（井上貫之、折霜文男、久米宗男、小沼順子、坂元新、相馬惠子、高野裕惠、谷本泰正、仲島浩紀、平賀章三）的各位，協助我修正本書原稿，併提出許多建議。

2022年12月

左卷健男

野人家 235

瞄過一眼就忘不了的化學

以「原子」為主角的故事書【視覺化x生活化x融會貫通】，升學先修・考前搶分必備

一度読んだら絶対に忘れない化学の教科書

作　者　左卷健男
譯　者　陳朕疆

野人文化股份有限公司
社　長　張瑩瑩
總 編 輯　蔡麗真
責任編輯　徐子涵
校　對　魏秋綢
行銷經理　林麗紅
行銷企畫　李映柔
封面設計　萬勝安
美術設計　洪素貞

出　版　野人文化股份有限公司
發　行　遠足文化事業股份有限公司 (讀書共和國出版集團)
地址：231 新北市新店區民權路 108-2 號 9 樓
電話：（02）2218-1417　傳真：（02）8667-1065
電子信箱：service@bookrep.com.tw
網址：www.bookrep.com.tw
郵撥帳號：19504465 遠足文化事業股份有限公司
客服專線：0800-221-029
法律顧問　華洋法律事務所　蘇文生律師
印　製　呈靖彩印股份有限公司
初版首刷　2024 年 10 月

978-626-7555-04-0 (紙書)
978-626-7555-02-6　(PDF)
978-626-7555-03-3　(EPUB)

歡迎團體訂購，另有優惠，請洽業務部（02）22181417 分機 1124

國家圖書館出版品預行編目（CIP）資料

瞄過一眼就忘不了的化學 : 以「原子」為主角的故事書 (視覺化 x 生活化 x 融會貫通), 升學先修 . 考前搶分必備 / 左卷健男作 ; 陳朕疆譯 . -- 初版 . -- 新北市 : 野人文化股份有限公司出版 : 遠足文化事業股份有限公司發行 , 2024.10

面；　公分 . -- (地球觀)

譯自 : 一度読んだら絶対に忘れない化学の教科書

ISBN 978-626-7555-04-0(平裝)

1.CST: 化學

340　　113013172

瞄過一眼就忘不了的化學

野人文化
官方網頁

野人文化
讀者回函

線上讀者回函專用 QR CODE，你的寶貴意見，將是我們進步的最大動力。